世界著名
创造案例启示录

刘家冈 / 著

科学出版社

北京

图书在版编目（CIP）数据

世界著名创造案例启示录/刘家冈著. —北京：科学出版社，2015.6
ISBN 978-7-03-044949-8

Ⅰ.①世… Ⅱ.①刘… Ⅲ.①创造发明–案例–世界 Ⅳ.①N19

中国版本图书馆 CIP 数据核字（2015）第 128523 号

责任编辑：侯俊琳 朱萍萍 牛 玲/责任校对：刘亚琦
责任印制：李 彤 /封面设计：众聚汇合

科学出版社 出版

北京东黄城根北街 16 号
邮政编码：100717
http://www.sciencep.com

北京凌奇印刷有限责任公司 印刷

科学出版社发行 各地新华书店经销
*

2015 年 7 月第 一 版 开本：720 × 1000 1/16
2022 年 2 月第五次印刷 印张：13 3/4
字数：186 000

定价：68.00 元

（如有印装质量问题，我社负责调换）

前　言

写作这本书的初衷，跟我自己的经历、爱好、见识有关。本书的内容融入了我几十年生活、学习和工作的经历与思考。

我上小学的时候，就好动，与许多小朋友一样，喜欢玩沙、和泥、爬树，也喜欢摆弄一些小玩意，如拧铁丝，叠纸飞机、纸船，捒折铁皮。例如，做一些战车、大炮之类的小玩意。我对许多事物充满了好奇：把鞭炮放进炮管里，观察小鞭炮爆炸时为什么会向火捻的相反方向飞行；观察蚂蚁怎样搬家，不同蚁群的蚂蚁之间怎样互相掐架；别人修理闹钟，我就在旁边静静地观看游丝摆轮的往复运动，怎样控制表针均匀转动，大大小小的齿轮又是怎样传递能量的。

20 世纪 50 年代我们国内曾经有许多很好的科普小册子，记得有的介绍蒸汽机、内燃机的工作原理，也有介绍"东方红"拖拉机的，还有讲飞机是谁发明的，以及翻译过来的《十万个为什么》等。这些科普读物给我留下了深刻印象，对我产生了深远影响。

我记得在一本科普书中读到，爱迪生发明留声机，原来是因为他注意到一个特殊现象，那就是用小针顶住电话机话筒的膜片，手会感到振动，而且这个振动随着声音的高低、强弱而发生变化。于是爱迪生受到极大启发，产生了一个非同小可的灵感，他想，如果把这个振动记录在某种介质上，再想办法让它还原出来，岂不是一种可以记录声音的机器了吗？顺着这个思路，他就发明了留声机。在科普书上还可以读到，英国科学家亚历山大·弗莱明注意到，被污染过的培养皿有真菌存在，在这些真菌的周围，金色葡萄球菌不能存活。他抓住这个特殊现象，想到很可能是因为真菌产生了一种被他叫作青霉素的物质，抑制了金色葡萄球菌的生长，于是经过艰苦努力，最后发明了世界上第一种抗生素——青霉素。诸如此类，凡此种种，逐渐积累成了本书中基于特殊现象的发明思路的内容。

上高中时，我就迷上了物理，于是考大学就选择了北京大学物理系。在上大学期间，我们非常有幸得到许多物理学界著名的前辈大师的培养，如胡宁、王竹溪、褚圣麟、郭敦仁、赵凯华等教授。在他们的指导下，我们一门一门地学理论，一道一道地解习题，一个一个地做实验，扎扎实实地完成了大学的学业，实现了从中学生到大学毕业生的蜕变。在北大这个科学的花园圣殿，我不仅学到了物理学和自然科学的基础理论，而且还学到它的研究方法、思想哲学和科学史。

物理系的专业课程告诉我们，是爱因斯坦相对论的质能公式 $E = mc^2$ 引起物理学家对巨大能量的期望，哈恩和斯特拉斯曼发现的核裂变反应有质量亏损，而亏损的质量对应于一份放出的能量，这就给予科学家以灵感，从而最终导致了核能技术的发明。另外，是爱因斯坦的受激辐射理论显示了光子数放大的可能性，引起物理学家的发明灵感，经过众多科学家几十年的努力，先是发明了微波激射器，后来又发明了激光器。这些都是本书中基于科学规律的发明思路的最早来源。

大学毕业，正赶上"文化大革命"的特殊时期，我和许多来自全国各地的大学毕业生在南海之滨的一个农场劳动锻炼。我们在那里进行围海造田的艰苦劳动，白天顶烈日冒酷暑，挑沙填海，虽然极其劳累疲惫，一个个年轻生命的体力极限受到了极大考验，却不忘观察大海的潮起潮落，感受着日月星辰的巨大引力。晚上洗净了一天的尘埃和劳累，我常常与几个同学一起躺在海边光滑的大石头上，遥看浩瀚的天穹，如痴如醉地望着那璀璨的银河与精巧的北斗，我们似乎暂时忘却了"文化大革命"的是是非非，只顾神侃着宇宙的膨胀与地球的未来，体会着自然科学的无穷魅力，也学着用科学的眼光审视天地间的一切事物。顺便说一句，我在那里还是第一次（也是迄今唯一的一次）亲眼见识了狮子座流星雨大爆发的壮丽景观。

　　接着是一段在大型机械厂作为机修电工的工作经历。一个学理科的，为了在工厂立足，我不得不自学了工科学生必修的机械原理、电工原理和自动控制原理。读过这些书之后，感觉到心情豁然开朗，原来那些机械、电机电器等，都是建立在物理学的经典力学、电磁学基本规律之上的，自动控制原理也是建立在数学工具基础之上。这样，我对基础理论和工程技术的关系就有了具体的认识。很幸运，那时我还参与过我国 20 世纪 70 年代工厂里如火如荼的技术革新运动，也见识过那时工人文化宫的技术普及推广活动，因此我对工人业余发明家（当时称作技术革新能手）也有一定的接触和了解。我也曾经有幸在地方技术研究所工作，那是一所专门研制小型计算机软硬件的单位，因此我接触过计算机软件编程和激光全息信息存储技术的研发等，了解了一些中国技术开发与创造过程中的问题。

　　改革开放后，我又有机会作为研究生，进入中国科学院物理研究所学习。在那里，我接触了当时最新的科学前沿，除了在导师指导下做凝聚态物理的科研课题外，还系统听过半导体物理大师黄昆的固体物理、力学大师谈镐生的流体力学、诺贝尔物理学奖获得者李政道的统计物理等课程，多次聆听诺贝尔物理学奖获得者杨振宁的学术报告，还听过其他若干位诺贝尔奖获得者和多位两院院士的学术报告，参加过多次全国性和国际性学术讨论会，特别是那种国内外同行专家面对面的小型讨论会等。因此，我得以对当代科学研究有了进一步深入的体验，对著名科学家也有了一定的直观认识，并深受科学文化的影响和熏陶。

　　借助国家改革开放政策的东风，我有机会在澳大利亚塔斯马尼亚大学、香港城市大学和美国新墨西哥大学做访问学者，并从事相关研究工作。这些经历，使我初步了解了国际上大学的科研模式和他们的创造性工作方式。我还利用各种机会，在美国华盛顿航空航天博物馆，参观过莱特兄弟发明的世界上第一架可以作稳定动力飞行的"飞行者 1 号"飞机（复制品），以及第一个帮助人类登上月球的"阿波罗"登月舱（备份件）；在美国大西洋诺沃克海军基地，参观过美军现役的核潜艇、直升机两栖登陆舰和庞大的"企业号"核动力航空母舰；在圣迭戈，游览了美国太平洋上最大的海军基地，并登上了作为博物馆的退役航空母舰"中途岛号"，参观了它巨大的飞行甲板和下层机库。这些，都使我对于美国这个世界超级大国的科技实力有了深刻印象。

所有这些，都使我开阔了眼界，增长了见识，也产生了中国应该在原创科技方面赶超国际先进水平的强烈紧迫感，也感到自己作为中国科技工作者和高校教师的历史责任。

多年来，我曾在北京林业大学给研究生作过创造学讲座，给专科生开设过发明学选修课，也在北京师范大学给本科生作过创造学讲座。这些年，我国学界广泛讨论的"诺贝尔奖困局"和"钱学森之问"，给予我很大的启发和激励。我累积一生的见闻、经历和思考反复涌动，写作一本创造学书的情结在我心中逐渐积累、生长，终于演变成了实际行动。从 2010 年开始，我真正放下了一切其他事务，专心收集资料，并构思和研究创造学新的理论体系，希望在我的有生之年，完成这本创造学的新书，对我国的科技原创之路作出自己的一份贡献。

本书以人类历史上大量重要创造案例为基础，追寻发明家和科学家的真实思想轨迹，分析、归纳和总结了创造学的，特别是关于原创性重大发明发现的基本方法、思路和原则，包括电动机、发电机、核能、激光、飞机、计算机和互联网等的发明思路，以及经典力学、电磁场理论、相对论、量子力学和元素周期律、进化论、大陆板块学说等的发现思路与综合过程。

本书分别对"技术发明的选题"和"科学研究的选题"作了分析和讨论，帮助读者正确切入创造过程。本书还分别讨论了发明家和科学家的类型，以帮助读者根据自己的条件选择适合自己的角色。

对于技术发明，本书还特别提出和讨论了基于科学规律的发明思路、基于特殊现象的发明思路和基于技术集成的发明思路等，以及技术发明的原则等。

作为科学研究的基本思路，本书讨论了伟大物理学家伽利略的 5 步研究方法，讨论了科学理论的综合方法、理想模型方法、理想实验方法等。

关于创造思维，本书也是在大量案例的基础上，讨论了创造思维的概念，我们提出"发散点"的概念，提高了发散思维的可操作性，讨论了逻辑思维、辩证思维和形象思维在创造中的重要意义和作用，讨论了直觉、顿悟和灵感的内涵和区别，还讨论了联想思维和类比思维、知识与创造性的关系等。

本书遵循"尊重历史，根据事实，分析案例，总结规律"的研究原则和方法，得到的结论应该更加具有历史的真实性，因而也就应该更加具有可操作性。

本书一方面力图写得严谨，避免夸夸其谈，杜绝贴标签现象，也反对拟历史现象。另一方面，又尽量在不失科学性和历史真实性的前提下，尽量使本书具有一定的通俗性和较好的可读性，做到图文并茂、雅俗共赏。此外，读者可以从任意一个地方开始阅读，不懂的地方可以跳过也不会太影响后边的阅读。

感谢北京林业大学多年来为我所提供的良好学术环境，支持我在理论生态学方面作出开拓，从而也为撰写本书积累了大量的实际科研经验。

感谢北京林业大学李俊清、中国科学院生态环境研究中心王本楠长期以来对于本书出版提供的多方面支持。

感谢我的大学同学徐纪敏、辛俊兴、周月梅、严隽珏、毛剑珊对本书内容所提的意见和建议，以及为本书提供的图片和各种支持。我的大学同学杨德，是我国创造学界著名学者，最初是他热情地向我介绍了创造学的基本概念和知识，这也促使我后来给学生开设了创造学方面的课程，在此表示特别的感谢。

特别感谢科学出版社科学人文分社侯俊琳社长和几位参与本书出版的

编辑们的工作和努力，使得本书能够在科学出版社这个优秀的平台上面世。

最后，对于北京林业大学给本书出版的资助，也表示特别感谢。

刘家冈

2015 年于北京

目　录

第一章　人类的创造

一、创造和创造学

创造，对于许多人来说，是个充满奥妙和神秘感的事物。

本书起书名为《世界著名创造案例启示录》，就是想揭开创造的神秘面纱。那么"创造"是什么呢？在本书中，我们所说的创造是专指"发明"和"发现"。文学艺术的创作也会提到，但不是本书的重点。

我们所说的发明是指：将原有事物按一定规律重新组合，使其产生不同于以前事物的新的功能或性能。

所谓原有事物，可以是原有的原材料，可以是原来的零部件，或者是原来某种机械或工具，甚至是原有的系统，是要按一定规律重新组合的，而不是随意组合的。组合的结果应该产生新的功能和性能，而不是重复原有设备的功能和性能。这里的所谓新的功能和性能，是广义的，包括更加有力、更加快、更加高、更加准、更加聪明、解决更多问题、更加方便、更加节省等。

所谓原有事物，既可以如上所述是物质性的，也可以是规则性的。

以物质性的事物重新组合，产生的是实物性的发明，如电动机、飞机、电脑等。电动机可以使电能转换为强大的机械能，飞机使人可以更加方便快捷地旅行和运输，电脑则可以大大提高人类处理信息的能力。

以规则性的事物重新组合，产生的是广义发明，如银行、超市、股份制等。银行的基本功能是汇兑、储蓄、借贷；超市可以降低进货成本、减少中间环节、节约管理和运营成本、方便顾客；股份制则可以集中民间资金进行大型工程，同时方便民众投资。

其他的制度性改革，只要是新颖的，也都可以归结为广义发明。

我们将发现的内涵，概括为发现物质的"存在形式"和"运动形式"。所谓存在形式是指"有什么""是什么样子的""怎么样分布的"等。所谓运动形式是指"什么运动规律""什么变化规律"等。

所谓物质，可以是无生命的对象，如原子、分子、天体、黑洞；可以是生物体，如细菌、动物、生态系统；还可以是人类社会，如经济现象、犯罪、战争；等等。

1492年，哥伦布通过70个昼夜的艰苦航海探险登上了现在的加勒比海巴哈马群岛，此后又三次西行，登上了美洲的许多海岸，这样哥伦布就发现了美洲新大陆的存在。1609年，伽利略用自己研制的望远镜发现了月面环形山投下的阴影、太阳自转和太阳黑子、木星的卫星、土星光环、金星和水星的盈亏现象等。这些都是发现了物质的存在形式。

对于地质学、考古学、人类学和社会学研究者，特殊化石、重大古迹、偏远地区原住民的发现，也可以看作是这类物质存在形式的发现。对于公安机关来说，新类型的毒品、新的走私方式和电信诈骗方式的发现，也是这类物质存在形式的发现。虽然是犯罪分子发明了新的犯罪方式，却是秘而不宣的，只有公安机关才会把它们发现和揭示出来。

1687年，牛顿建立了经典力学，包括惯性定律、运动定律、作用反作用定律和万有引力定律，掌握了物质的宏观、低能条件下的运动规律。1886年，麦克斯韦创立了电磁场方程组，阐明了电与磁的运动规律。1905年，爱因斯坦建立了狭义相对论，掌握了物质在宏观、高能条件下的运动规律。1915年，爱因斯坦创立了广义相对论，阐明了物质世界在宇观大质量条件下的运动规律，包括引力理论。20世纪20年代，在普朗克·爱因斯坦、玻尔、海森伯、薛定谔、狄拉克、玻恩和泡利等一批物理学家的努力下，创立了量子力学，掌握了微观物质世界的运动规律。这些都是发现了物质的运动形式。

顺便提一个与"创造"相关的名词，就是"创新"。创新，按照名词提出者美国经济学家熊彼得的概念，是指在生产和经营实际中采用了新产品和新工艺技术、开辟了新市场、控制了原材料的新来源、实现了新的工业组织等。所以创新这个概念，大体属于经营管理范围的概念。而创造，则是指发明和发现。当然，在时下的语境中，人们常常把创新与创造两个名词混用，由于使用者日益众多，其趋势已经不可逆转。我们认为，语言作为人类交流信息的工具，总是不断发展的，不必拘泥于原始的定义，只要不在关键的地方产生误解，也就无关大雅。因为熊彼得对创新的原始定义基本是属于经营管理的范畴，不是本书讨论的主要问题，除非在引用他人的话语中提及，本书尽量不使用创新一词。如果我们使用了创新一词，那一定是按创造的同义词来理解的。

下面，我们来简单地讨论创造学的发生和发展。

16 世纪以来，世界科学技术和生产力都获得了巨大的进步，几个主要西方大国，如意大利、法国、英国、德国和美国等，都是通过创造，先后使自己的科技实力、经济实力和军事实力在世界上取得了优势，再加上通过战争等手段，使自己的国力得到了长足的进步，成为世界强国的。人们逐渐认识到，科学技术的发展，是生产力进步的根本动力，更是社会发展的原生动力。科技进步离不开创造，创造是科技进步的同义语。于是到了20 世纪上半叶，一门新兴学科"创造学"在美国应运而生。

1931 年，美国内布拉斯加大学克劳福德教授制订了创造技法——"特性列举法"，并首次在大学开设创造思维课程，从此引起了各式各样开发创造力的训练课程逐渐在大学、研究所和企业流行开来。

1933 年，美国电气工程师奥肯写成了他的发明教育讲义，后来他又开办发明训练班，培养了一批发明家。

1936 年，史蒂文森在美国通用电气公司为技术人员开设了"创造工程学"的课程。这是工业界在创造力开发方面的首次尝试。次年，通用电气公司的专利申请量便猛增三倍，创造力开发首次大获成功。美国通用电气公司又制订了"创造工学计划"。

1938 年，被誉为"创造工程之父"的美国发明学家奥斯本提出他的创造技法"头脑风暴法"。

1941 年，奥斯本出版了他的创造学书籍《思考的方法》。在美国工业和商业等企业界纷纷学习跟进，形成一股前所未有的创造浪潮。

1942 年，兹维基制定了"形态分析法"。

20 世纪 40 年代初，创造学界逐步认识到：创造力是人的基本属性；各行各业都能激发人的创造力量；创造力可以通过教育和训练激发出来。

1948 年，麻省理工学院为学生开设"创造性开发"课程，首次将创造学纳入大学教学体系。同年，奥斯本在法布罗大学开设"创造性思考"的夜校课程，进一步探索创造教育的推广工作。此后，一批诸如哈佛大学、加利福尼亚大学等名校，以及部分军事院校和工商企业也陆续开设了"创造性开发""创造性思维"的训练课程。

1954 年，奥斯本发起成立了"创造教育基金会"，旨在推动创造教育的开展和创造型人才的培养。

20 世纪 60 年代之后，美国创办多个创造学研究中心，各大学、大公司和军政部门纷纷开设"创造性思维训练"课程。各种有关创造学研究、创造力开发的机构，如雨后春笋般在各大学、研究机构成立。

1968 年，英国人德伯诺提出"横向思维"理论，强调利用所谓"局外"信息发现解决问题的能力。

南美洲委内瑞拉是世界上最早在政府里成立"智力开发部"的国家，并在全国推行思维方法训练。

20 世纪 70 年代，麻省理工大学等几所高校成立了面向社会大众推广创造性教育的"创新中心"。美国创造学家还召开了全国性、国际性的创造力开发学术会议，创建了大批"创造力咨询公司"。

进入 20 世纪 80 年代，美国的教育学专家对许多专业课程，如航空学、企业管理、销售学、工业工程、新闻学等大批课程，运用创造力开发的原则进行了改造和重新设计。一些学校还创建了"创造性研究"专业。据报道，美国中小学生都要接受三种以上的创造发明教育。美国在基础教育领域，引进研究型教育的理念，即以"解决问题"为中心的课堂教学方法。目的是要大量培养具有创造能力的工程师和科学家。

创造学先后在日本、欧洲和苏联（以及后来的俄罗斯）得到推广和普及发展。

20 世纪 80 年代以后，随着中国的改革开放，创造学被引进中国。值得指出的是，最早是上海交通大学的许立言老师，在 1980 年的几期《科学画报》上，将创造学的概念介绍给祖国大陆读者的，并引起了强烈的反响。1985 年，我国成立了全国性的中国发明协会，并创办了刊物《发明与革新》。1995 年，成立了中国发明协会高校创造教育分会，会刊《创造天地》创刊发行。这些都标志着在中国，创造学研究已经由分散状态进入了全国一盘棋的协作阶段。此后，许多大学开设创造学课程，有些大学甚至开设了创造学专业，出版了大量创造学、发明学方面的专著或教科书。

特别值得一提的是中国矿业大学在这方面所作的积极探索和有益工作。1983 年，中国矿业大学开始将创造学原理与地质专业相结合，积极探索专业课程教学的新思路。1985 年，该校创建了国内第一个学科创造学——地质创造学。随后该校招收了几名跟创造学研究有关的硕士研究生和博士生。1995 年和 1996 年，中国矿业大学还成功招收了本科层次的创造学专业方向——工业自动化创造工程试点班，并开始把普通创造学课程列为全校所有本科专业的公共基础必修课。

可以说，创造学发展到今天，已经在世界上产生了重大影响，积累了丰富的成果和经验，取得了很大的成绩。

但是我们也应该看到，创造学还远远没有达到完善的程度。我们只要把各种创造学书的目录，拿到一起稍微比较一下，就可以看出，它们其实还是五花八门，各说自话，有不同的观点和假说，缺乏连贯一致的理论体系的；另外，在各种创造学教材中，基本上回避了对人类历史上原创性重大发明发现规律的描述，这不是个别作者的疏忽，而是一种集体缺失。按照美国科学史家库恩学说的划分，我们有理由相信，创造学目前应该还处在"前科学"阶段，还没有形成共同的"范式"，还没有进入"常规科学"的阶段。要完成创造学体系的构建，还需要我们的巨大努力。

之所以会出现这种情况，我们认为很可能是因为传统创造学过于注重从既有的创造哲学、创造原理或创造技法出发，"居高临下"地去审视现实中的创造案例，忽视了从具体历史案例中，从众多发明家、科学家的创造实践中，从他们的真实想法和真实做法中去总结创造学的基本规律。我们认为创造学的研究应该是"从下往上"，脚踏实地对科学技术史甚至是文化史上浩如烟海的创造成果的经验、方法、思维和哲学等的总结归纳。

我们遵循的原则和方法是：尊重历史，根据事实，分析案例，总结规律。避免夸夸其谈，杜绝贴标签现象，也反对拟历史现象。这样做更加具有历史的真实性，也就应该更加具有可操作性。

作者希望通过本书的努力，为建立一个具有统一"范式"的"常规科学"特点的创造学体系贡献一份力量。

二、创造是推动人类历史前进的强大动力

人类社会是怎样一步步前进并且发展到今天这样高度灿烂辉煌文明的？回顾历史，我们发现，是人类的创造给予了我们这一切，创造是推动人类历史前进的强大动力。因而也可以毫不夸张地说，发明家、科学家群体，是引领人类社会发展前进的开路先锋，是一股真正的革命力量。

大约 300 万年前，人类进入了旧石器时代，也就是打制石器时代。那时的古人类发明使用薄岩片和石芯，可以比较方便地刮食动物骨头上的腐肉和砸碎植物种子坚硬的外壳。后来人类又发明制造诸如带锯齿的石片和雕刻器之类的更加复杂的石器。这些石器工具的发明，使人类的生存能力大大提高，并且成功地实现了古人类分布从非洲向欧洲、亚洲的扩展。

约 100 万年前，人类掌握了火的使用，使得人类在抵御冬季自然界严

酷寒冷的生存环境中取得了主动，也掌握了一种抵御野兽的侵袭的方法，并且通过食用熟食从而获取更加丰富的营养，因此加快了人类大脑的进化。

大约 1.8 万年前，人类发明了磨制石器，进入了新石器时期。这个时期，人类开始从事农业和畜牧，将植物的果实加以播种，并把野生动物驯服以供食用。人类不再只是依赖大自然提供食物，因此食物的来源变得相对稳定。同时农业与畜牧的经营也使人类由逐水草而居变为定居下来，节省下更多的时间和精力。在此的基础上，人类生活得到了更进一步的改善，开始关注文化事业的发展，使人类开始出现文明。

轮子，是影响人类社会最深远的发明之一。它开辟了一个至今还在不断发展向上的陆上运输的车轮时代，也开辟了齿轮、皮带轮、飞轮、轴承、转轴构成的机械化时代。至于轮子究竟是何人发明，已经无从考证，学界一般认为，它应该是一个不断发展的过程。从目前考古情况看，最早发明轮子的是生活在两河流域（今伊拉克）的美索不达米亚人，是在公元前 3500～公元前 3000 年。而时间约为公元前 4000 年的关于最早"轮子"的印迹（车辙），从美索不达米亚到德国、波兰、叙利亚，不断被发现。

公元前 1400 年，小亚细亚的赫梯人发明了炼铁技术。公元前 6 世纪之前，中国也出现了炼铁技术，以及世界上最早的炼钢技术。铁器的使用，使得人类获得了更加坚硬耐用的材料和工具，极大地推动了农业、手工业和狩猎的发展，也逐渐发展成现在的钢铁时代。

公元前 800～公元前 146 年，以欧几里得和阿基米德为代表的古希腊学者，系统地提出科学研究方法，构建科学体系。他们运用推导、演绎的逻辑方法，开创了数学证明的先河，使古希腊的科学特别是数学达到全盛和顶峰时期，对后世的科学技术发展产生了巨大影响。

大约公元前 600 年，在中国已经出现了算盘。算盘的发明，极大地方便了人们的经济活动，它被中国以及周边受汉文化影响的国家普遍使用了几千年，至今仍然还有人在使用。

13～17 世纪的欧洲文艺复兴时期，从哥白尼提出了日心学说开始，笛卡儿等引进对数、平面坐标系、微积分的概念，开普勒行星三大定律以及牛顿三定律、万有引力的确立，化学元素概念和物质不灭定律的提出从而使化学成为一门真正的科学等。欧洲科学技术的发展有如星火燎原，在人类科技发展史上留下了最具色彩的一笔，也造就了许多彪炳史册的伟大科学家。

1785 年瓦特将纽可门设计的蒸汽机作了重大改进，使其单向做功变成双向做功，并且以旋转的方式输出功率，成为世界上第一个实用且具有商业价值的蒸汽机。这项发明推动了 18 世纪欧美的工业革命，极大地推动了世界经济的发展。

1821 年，法拉第在奥斯特发现的电流磁效应的启发下，发明了世界上第一个电动机；1831 年，法拉第又根据他自己发现的电磁感应现象，发明了世界上第一个发电机。电动机和发电机的发明，以及其他电机电器的发明，导致了电气化时代的到来。

1859 年法国工程师勒努瓦制造的第一台实际使用过的内燃机，是一台煤气机，效率较低。1876 年德国工程师奥托制成了按四冲程原理工作的煤气机，称为奥托循环机，提高了效率。1883 年，德国的戴姆勒创制成功第一台立式汽油机。1897 年，德国工程师狄塞尔首创了压缩点火式柴油机，大大提高了内燃机的功率、效率、转速和功率重量比，也就大大拓宽了内燃机的使用范围。

1900 年，普朗克在热辐射物理的研究中提出能量子的概念，开辟了量子物理的时代。

1903 年，俄国齐奥尔科夫斯基出版了世界上第一部喷气运动理论著作《利用喷气工具研究宇宙空间》，奠定了现代航天学和火箭理论的基础。

1903 年，美国莱特兄弟在前人研究的基础上，发明了可以安全飞行的飞机，实现了世界第一次动力飞行，开辟了世界的航空时代。

1904 年英国弗莱明申请了第一个电子管的专利，他利用 1883 年爱迪生发现的电子的热发射效应（即所谓"爱迪生效应"），发明了二极管，实现了整流和检波功能。在此基础上人们逐渐发明了收音机、电视机、无线电话、录音机等电子设备，使我们进入了电子时代。

1905 年和 1915 年，爱因斯坦分别提出了狭义相对论和广义相对论，解决了高能量物理和大质量物理的基本问题。

20 世纪 20 年代末，在爱因斯坦、玻尔、海森伯、德布罗意、薛定谔、狄拉克、玻恩和泡利等一批物理学家的参与下，量子力学逐渐发展成熟，解决了微观物理的基本问题。

1942 年，在美国曼哈顿工程中，费米领导设计的世界第一个核反应堆，实现了原子核内巨大能量的释放，使人类进入了原子能时代，也使军队进入了核武器时代。

1945 年前后，分别在英国、美国和德国发明了电子计算机，给人类带来了极高的计算速度、极大的数据储存量和极强的信息处理能力。

1947 年，美国三位科学家巴丁、布莱顿和肖克莱发明的半导体三极管，以及随后陆续发明的小规模集成电路、中规模集成电路和大规模、超大规模集成电路，将我们的电子设备变得体积越来越小、功能越来越复杂、可靠性越来越高，使我们进入了半导体时代。

1951 年，克里克和沃森发现了 DNA 的螺旋结构，揭示了基因的秘密。基因科学的研究成果，解释了生命的本原，将人类带入分子生物学时代。农业和医学在此基础上又有了飞跃性的发展，使我们享受到前所未有的科学成果。

1957 年，苏联发射成功第一颗人造地球卫星，开辟了人类征服宇宙的航天时代。各种通信卫星、遥感卫星、气象卫星、定位卫星，以及侦查卫星等应运而生，极大地方便了我们的经济和生活。

1961 年，在众多科学家长期努力的基础上，美国物理学家梅曼率先制造出世界上第一台激光器。后来，各种类型的激光器先后被研制出来，被用在科研、工业、测量、国防等方面。特别是半导体激光器的诞生，实现了大规模的光通信。

从 20 世纪 60 年代起，在美国逐步发展起来的互联网，已经极大地改变了当今世界的经济、文化、科技和军事的面貌，成为现在我们每一个领域、每一天都不可或缺的技术环境。

从 20 世纪 20 年代底特律警察使用的移动无线电话发展起来的移动通信技术，几乎实现了我们人手一个移动电话的神话，现在的智能手机甚至已经是一台信息处理中心，这些都是改变我们今天生活的伟大发明。

在人造卫星的基础上发展起来的应用卫星技术，最著名的就是美国的全球定位系统（GPS）。它是由覆盖全球的 24 颗卫星组成的卫星系统，可以为地球上任何地点的用户确定精确的经纬度和高度。不论民用还是军用方面，GPS 都获得了极大的成功。当前世界上具有卫星定位系统的国家还有俄罗斯（格洛纳斯系统）、中国（北斗系统），另外欧盟的（伽利略系统）也即将投入实际应用。

总而言之，正是人类 300 万年来的无数个创造，既深刻地认识了大自然，充分地利用了自然资源，使得自身在大自然中获得了极大的自由，也改变了自身的生活方式和行为方式，创造了高度繁荣的、与大自然和谐的现代文明。

三、创造力是国家的根本国际竞争力

当今世界充满了竞争，竞争的实质是人才的竞争，是人的创造力的竞争，更是国家创造环境的竞争。对于一个国家而言，创造力是最重要、最基本的竞争力。纵观历史，一个国家在世界上的地位，从根本上讲，就是创造力的反映。

中国是具有辉煌古代文明的国家，依靠先进的农耕技术、医学、水利、天文学、纺织、冶金等知识和技术，在经济、军事、文化等方面，曾经达到了当时世界的巅峰。据史学界考证，鼎盛时期的宋朝、明朝国内生产总值（GDP）都曾经达到过世界的 80%，另据相关资料，唐、元、清朝时期，中国的 GDP 也都占到世界的 30%～45% 的水平。虽然这种统计数字要做到准确很困难，但它大体上反映了那时中国的繁荣，和它在世界上的崇高地位。我们在北宋画家张择端的《清明上河图》中可以看到，北宋时期京城汴梁的商业、街道、桥梁、水运、服饰、建筑、社会等各方面的景象，当年的中国经济文化是何等的光辉灿烂！无愧于中国这个"中央之国"的称谓。

古代中国之所以会发展到如此的高度，跟勤劳智慧的中国人民的创造能力密不可分。举世闻名的四大发明，活字印刷、造纸术、指南针和火药，对中国古代的政治、经济、文化的发展产生了巨大的推动作用，而且这些发明传至西方以后，对世界文明发展史也产生了很大的影响。我们的祖先还发明了算筹和算盘，这是最早的计算机械，跟它们配合使用的口诀则相当于软件，这些概念都是现代计算机的鼻祖，对于我国古代商业和金融业的发展起到了极大的推动作用。在明朝科学家宋应星所著《天工开物》中，我们可以看到他收录的农业、手工业，如机械、砖瓦、陶瓷、硫黄、烛、纸、兵器、火药、纺织、染色、制盐、采煤、榨油等生产技术，西方学者称它为"中国 17 世纪的工艺百科全书"。正是所有这些发明和掌握的技术，把中国的历史推向了辉煌的高峰。

但是到了清朝末年，由于长期闭关锁国的政策，在科学技术方面逐渐落后，并且遭到西方列强的侵略和掠夺，沦为被欺凌、被剥削的世界弱国。

西方近代史上的第一个科学中心是意大利。到 16 世纪，意大利新兴资产阶级势力冲破了封建教会的黑暗统治，进入了所谓的"文艺复兴时期"，除了艺术创作空前繁荣以外，科学研究也达到了一个空前兴旺的时代，科研成果出现了重大突破。在意大利最重要的代表人物是达·芬奇和伽利略。

达·芬奇（1452—1519）是意大利文艺复兴时期的一个伟大博学者：除了是画家，他还是雕刻家、建筑师、音乐家、数学家、工程师、发明家、解剖学家、地质学家、制图师，植物学家和作家。他的天赋显然比同时期的其他人物都高，这使他成为文艺复兴时期人文主义的代表人物和传奇人物，也是人类历史上的一位奇人。他具有辩证唯物主义的观点，认为"理论脱离实践是最大的不幸"，"实践应以好的理论为基础"。达·芬奇提出并掌握了这种先进的科学方法，采用这种科学方法去进行科学研究，在自然科学方面作出了巨大的贡献。达·芬奇对传统的"地球中心说"持否定的观点。他认为地球不是太阳系的中心，更不是宇宙的中心，而只是一颗绕太阳运转的行星，太阳本身是不运动的。达·芬奇还认为月亮自身并不发光，它只是反射太阳的光辉。他的这些观点的提出甚至早于哥白尼的"日心说"。他还研究力学，提出了流体连通器原理，以及力学惯性原理。达·芬奇在生理解剖学上也取得了巨大的成就，被认为是近代生理解剖学的始祖。他发现了血液的功能，认为血液对人体起着新陈代谢的作用，并认为血液是不断循环的。达·芬奇还是化石研究的先驱，根据高山上有海中动物化石的事实推断出地壳有过变动，指出地球上洪水的痕迹是海陆变迁的证明。达·芬奇对机械世界痴迷不已，水下呼吸装置、拉动装置、发条传动装置、滚珠装置、反向螺旋、差动螺旋、风速计和陀螺仪……达·芬奇将他无数的奇思妙想呈现在世人面前，甚至设计了机器人、机械车，此外还有乐器、闹钟、自行车、温度计、烤肉机、纺织机、起重机、挖掘机……。达·芬奇的研究和发明还涉及军事领域。他设计了簧轮枪、子母弹、三管大炮、坦克车、浮动雪鞋、潜水服及潜水艇、双层船壳战舰、滑翔机、扑翼飞机和直升机、旋转浮桥等。

达·芬奇长达1万多页的手稿（现存6000多页）至今仍在影响科学研究，他简直就是一位现代世界的预言家，而他的手稿也被称为是一部"15世纪科学技术真正的百科全书"。甚至有人认为，如果达·芬奇的这些发明设计在当时被发表出来，足可以让我们的世界科学文明进程提前100年！

意大利的伟大物理学家伽利略（1564—1642），是实验物理的首创者，他进行了一系列自由落体、抛体运动和物体沿斜面运动精密实验研究；奠定了力学惯性定律的基本规律，发现自由落体的速度与物体质量无关；他首创了理想实验的方法，解决了某些纯粹实验无法完全解决的问题；他高度评价哥白尼运用笛卡儿的坐标系,大力提倡时间和空间概念在物理学上的运用;他提出的科学研究 5 步方法,被视为物理学甚至整个科学的基本方法,至今仍被科学界所沿用。他在力学、天文学和物理学上奠定了近代科学的基础。他还发明了世界上第一架天文望远镜,大大开阔了人类的视野。伽利略当之无愧地被誉为近代物理之父、近代科学之父。

文艺复兴是欧洲从中世纪封建社会向近代资本主义社会转变时期的反封建、反教会神权的一场伟大的思想解放运动,代表欧洲近代资本主义文明的最初发展阶段,是人类前所未有的最伟大的、进步的变革,其光彩夺目的成果影响深远。现代自然科学的研究和自然科学的形成,是文艺复兴文化最有积极意义的成果之一。

但是,当时教会还有强大的势力,他们对这股文艺复兴运动进行了疯狂的反扑,对敢于突破教会观念的科学家进行了残酷的迫害,他们对意大利天文学家布鲁诺判处了火刑,对伽利略实施了终身监禁。教会势力的这些倒行逆施,再次压制了科学的发展,使得意大利的科学技术在 16 世纪蓬勃发展大约 100 年之后,重新陷入了停滞,逐渐落后于其他国家。

1660～1730 年是科技发展的英国时代。在此期间,英国出现了大批优秀的科学家,有物理学家牛顿、胡克、玻意耳、天文学家哈雷、布莱雷德、数学家瓦利斯、伦恩、马克劳林等。他们对经典力学,分析数学等作出了巨大贡献。牛顿还发明了反射式望远镜。达比首创"焦炭炼铁法",大大提高了铁的质量。塔尔发明了播种机,降低了农业的劳动成本。凯伊发明了快速织布机的飞梭,大大提高了织布效率。纽可门发明了活塞式蒸汽机,特别是后来瓦特发明了效率更高的蒸汽机,进入蒸汽时代,使英国发生了产业革命,成为"世界工厂",为其后来成为雄霸世界的"日不落国"大英帝国打下坚实的经济、科技和军事基础。

1770～1830 年是法国科技发展的领先时代。其间,法国出现了一大批著名科学家和工程师。除了数学大师拉格朗日、拉普拉斯之外,还有物理学家和数学家库仑、阿拉果、安培、菲涅尔、盖吕萨克、泊松、卡诺、傅里叶、查理、杜隆和珀替等。其他还有化学家拉瓦锡，生物学家居维叶，布丰，以及首先提出进化论的拉马克。蒙哥菲埃发明热气球。提孟提埃发明工业缝纫机。涅普斯发明照相术。卡诺的热机循环理论实现了高效率的动力机械。他们对于世界科学技术的发展作出了巨大贡献。法国还于1795年首先在全国强制采用公制，统一了度量衡。

1810～1930年是德国时代。在此期间，德国出现了一批非常著名的科学家，如应用化学家维勒、李比希、凯库勒、霍夫曼等，在农业化学和有机化学方面获得了重大突破；还有非常著名的物理学家夫琅禾费、欧姆、韦伯、高斯、迈尔、亥姆霍兹、克劳修斯、基尔霍夫、赫兹、维恩、伦琴、普朗克、能斯特、闵可夫斯基、索末菲、海森伯等，当然还有大名鼎鼎的爱因斯坦。产生了包括相对论、量子力学、统计物理、热力学、电磁学、核裂变实验等方面的一批伟大的成果，奠定了现代物理学的坚实基础。一批重要的技术发明在德国诞生。物理学家伦琴发明了X-射线管；工程师奥托发明了四冲程煤气机；戴姆勒创制成功立式汽油机；狄塞尔发明了柴油机。这些都使得内燃机的应用大大普及。本茨和戴姆勒几乎同时发明了汽车；卢斯卡发明了第一台电子显微镜；霍夫曼合成了神药阿司匹林；李林塔尔发明了滑翔机。德国在化肥、染料、香料、化学药品、杀虫剂、解毒剂等方面获得了一系列发明。到1933年希特勒上台之后，推行疯狂的战争政策和残酷的种族灭绝政策，德国的科学兴隆期宣告结束。

进入20世纪以来，世界科学技术中心逐步转移到美国，从此世界进入了美国引领科技潮流的新时代。

美国在科学研究方面，取得了巨大的成绩。例如，安德森发现第一个反粒子——正电子；布洛赫提出了固体物理的量子理论；哈勃发现宇宙的膨胀，提出哈勃定律；李正道、杨振宁提出基本粒子宇称不守恒；杨振宁提出非阿贝尔规范场理论；迈耶提出原子核结构壳层模型理论；盖尔曼关于基本粒子的分类和相互作用的发现，提出"夸克"粒子理论；巴丁、库珀和斯里弗提出第一个超导理论（即BCS理论）；格拉肖和温伯格建立了弱作用和电磁作用的统一理论；伽莫夫提出了宇宙大爆炸理论；杜布赞斯基提出现代综合进化论；等等。

自 1907 年以来，美国人一共获得了 70 多个诺贝尔奖，在全世界遥遥领先。

美国在技术发明方面，更是令人目不暇接。例如，爱迪生发明的电灯、电影、留声机；莱特兄弟发明了世界上第一架可以做安全动力飞行的飞机；德福雷斯发明了三极电子管，首次实现了人类对电信号的放大；费森登是无线电广播的创始人，发明了收音机与广播设备；以举国之力进行的曼哈顿计划中发明了核反应堆和原子弹、氢弹；与英国、德国几乎同时发明了电子计算机；巴丁、布莱顿和肖克莱发明的半导体三极管；汤斯、肖罗和梅曼等发明的微波激射器和激光器；德克萨斯仪器公司发明的集成电路；工程师斯本塞发明的微波炉；美国航空航天局（NASA）领导的阿波罗登月计划和航天飞机的成功；由于科学研究和军事需要而逐步形成的互联网；从底特律警察的电信通信车辆发展而来的移动通信；由多颗人造卫星构成的 GPS；等等。这些发明不仅在技术上极其先进，而且都取得了巨大的商业成功，极大地改变了世界的面貌，当然也大大推动了美国经济的发展，增强了美国的国力！

美国人在制度和文化的层面上将教育、科研、发明和商业开发运作完美结合，加上注重引进人才和引进技术，可能是他们获得成功的最大原因。美国人那令人眼花缭乱、层出不穷的发明和发现，加上一些其他诸如地缘政治和历史机遇等因素，使得它成为了当今世界上唯一的超级强国。这是一个值得世界各国高度重视和认真研究的现象，我国要想成为一个具有超强创造能力的大国、强国，无疑应该认真分析、研究和学习美国的成功经验。

自从 1978 年对内改革、对外开放以来，我国把科教兴国、科技创新作为自己的重要基本国策，并派出大批人才出国学习，积极引进外资和国外先进生产力，学习、消化和发展国外的先进科学技术，这些努力取得了巨大的成功。经过 30 多年的艰苦努力，中国已经发生了翻天覆地的变化。我国 GDP 现已增长为仅次于美国的世界第二大国；我国的购买力按进出口总额计算，已经跃居全球第一；人民生活水平大幅提高，社会保障不断完善，并且成功地使几亿人口脱贫；我国每年出国旅游的人数，已经超过 1 亿人次，成为最大的游客输出国。经济能力在世界上已经具有了举足轻重的影响。在工程技术方面，长江三峡大坝是世界第一巨型水利枢纽；我国的高铁技术，成为全世界羡慕不已的对象；我国的特高压输变电技术的水准，遥遥领先世界；我国的超级杂交水稻，平均亩产超过 1000 公斤，在国际上独树一帜；我国在跨海大桥、填海造地、深海钻井、海底隧道、海上风电等超级工程的能力，也名列世界前茅，成为我国强劲国力的象征；在国防军事上也有长足的进展，部队信息化和体系化的转变，第四代战机和无人战机的面世，战略空军的建立，空天一体化的推进，北斗导航卫星开始全球服务，载人航天和登月的成就，各型现代战舰不断服役，航母计划顺利推进，具有第二次打击能力的核力量不断增强；等等。所有这些，都表明我国已经成功地和平崛起，正在实现中华民族的伟大复兴，迎来了中国历史上的空前盛世。

四、每个人都具有创造力

在许多人的思想中，创造是一个神秘的事物，是一个高不可攀的境界，似乎是只有爱迪生、爱因斯坦那样的天才人物才具有的能力，跟自己好像没有太大关系。

其实，这是不对的，这种想法耽误了许多有创造潜质的人。我们说，只要是思维正常的人，都或多或少有一定的创造能力，而且随着对于创造过程的知识和经验的增加，创造能力也会爆发出来。我们下面来看看创造能力都需要哪些因素和条件。

首先，人类都有远超过其他动物的记忆力。当我们来到这个世界，就开始记忆各种事物，父母的声音，奶水的味道，天花板的花纹，各种玩具的形状等；后来，又不断地记忆各种家里的东西，记忆大人的语言，记忆各种图片、花草、鱼虫，数字等。人一生中记忆的东西，可以说千千万万，不计其数。虽然这些都算不得创造力，但都是创造力的基础。

记忆了巨量的信息，必然要拿来比较，发现这些信息有的相似，有的不同。相似的事物也并不完全相同，而只是有相似的特征。我们会发现，鸡鸭鹅互不相同却都有点相似，狗猫羊互相之间也有点相似，但它们并不相同，却有共同特征。

会提取特征，就学会了抽象，学会了归类，形成概念，就学会了逻辑思维。鸡鸭鹅都有羽毛、翅膀、两条腿，卵生，归类为家禽；猫狗羊没有羽毛，却有四条腿、胎生，归类为家畜。你一定会推理，"家禽都有羽毛，而猫没有羽毛，猫必定不是家禽"。这就是逻辑思维。

会提取特征，你就会联想，具有共同特征的事物，就可能从一个事物联想到另一个事物，也可能由因果关系联想到另一事物，如由地震想到毁灭和死亡。条件反射也是联想的因素，由老师这个概念，想到讲台和学生等。总之，联想是思维活跃的表现，是思维中积极的创造因素。

跟着先辈和前人生活和工作，记住了他们的经验，就要模仿。你如果跟着母亲学做饭菜，但你们可能做得不一样，一比较，你必然发现差别。你可能跟着父亲学做木工，但你们做出来的家具肯定也不会完全相同。模仿的结果，有的好，有的不好，你就学会了判断。

判断的结果，就要分析，就是改掉缺点、发扬优点，甚至提出新想法、新高度。做菜你可能烧得过熟，或者火候不到，形似神不似，就需要改进，几经试验之后，会有所提高。甚至你还可能突发奇想，改用大火热油烹炸，得到意想不到的口味，有所突破，这就是创造。

除了大脑，人类还有感官，有主管视觉、听觉、嗅觉、味觉和触觉的器官，在大自然中生活，人类必然要观察，要感知这个世界。观察了，你就可能会有所发现，你会发现人们需要什么，避免什么，喜欢什么，讨厌什么；发现下暴雨后会出现什么，天气太热了会怎样；等等。这些都可以为你提供创造的灵感。

你会记忆，会思考，会观察，会联想，会判断，会推理，会分析，会模仿，会比较，什么都会，为什么就不会创造呢？

这可能是因为你不了解创造的过程，你把创造想得过于神秘，高不可攀。此外，你不了解创造的一些历史经验和诀窍。本书的目的，就是要破除你的迷信感，使你掌握一些创造的历史经验和规律，能够自由自在地畅游在创造的海洋中。只要你解决了这些问题，就可以自信地成为一个创造者了。

人类历史告诉我们，创造力不是哪些人的专利，而是每个人与生俱来的能力。实际上，不仅爱迪生和爱因斯坦那样的天才具有非凡的创造力，我们在许多场合都能够看到，许多工人、农民也都有令人称道的创造力，甚至一些中小学生、普通市民也都显示出不错的创造力。

后面我们会看到，许多普通人作出了不错的成绩，其中一些对社会还有巨大的贡献。例如，工人发明家倪志福发明的群钻，纺织女工郝建秀创造的工作法，都大大地提高了工作效率；世界著名的杂交水稻专家袁隆平，起初也只是农校的一位普通老师，但他的高产水稻对中国的粮食安全作出了巨大贡献。历史上，伟大的物理学家法拉第，起初也只是实验室的技工和实验员；对蒸汽机的发展有重大贡献的瓦特，也是大学实验室的技工。这些例子告诉我们一个道理，那就是每个人都有一定的创造能力，就看你能否认识到它，能否挖掘自己的创造潜力，能否抓住机遇，能否用在正确的方向。

只不过各个人的创造性有强弱的差别，侧重面不同，自觉程度不同而已。能力的差别是客观存在的，必须承认。不可能人人都是爱迪生，也不可能人人都是爱因斯坦。但现实告诉我们，每个人不同程度的都有一定的创造力，而且表现在不同方面。有的人擅长文学、音乐、美术等艺术，有的人具有超人的记忆力，而有的人则长于推理、归纳与综合，而有的人擅长动手试验等，因为侧重面不同，则要尽可能发挥特长，并且根据需要弥补短板。只是许多人不知道自己的创造潜力，也就是说自觉程度不够，则要启发、学习、训练。后者正是创造学的任务。

第二章 发明的选题

发明，从日常生活用品中的小发明，到影响经济、军事等的原创性重大发明，都是创造活动中最令人激动的方面。只要能够研究开发成功，都会给发明家个人带来惊喜，可能还给自己带来财富，也会给社会带来不同程度的贡献，甚至是深远的影响。

从第二章到第六章，是关于发明的话题。主要讨论发明中的选题、基于科学规律的发明思路、基于特殊现象的发明思路、基于技术集成的发明思路、技术发明的原则和发明家的类型等问题。虽然不能说这些内容涵盖了一切有关发明的内容，但读过这些内容后，你就知道了有关发明的基本问题，特别重要的是知道到哪里去寻找发明的灵感！

初次涉足发明的人，常常苦于不知怎样选题，容易陷入盲目性；而一些有经验的发明者，往往局限于自己所熟悉的领域，也不一定对发明选题的问题有全面的了解。技术发明如何选题，这正是本章要讨论解决的问题。

发明的选题很重要，因为它是发明过程的起点，也决定了发明的方向，所以它是创造学的基本问题，是创造学里极其重要的内容。

从原则上看，发明的选题大体可以分为：

（1）需要性选题。需要永远是发明灵感的来源，我们这里所说的需要是广义的，包括市场需要、生活需要、心理需要、现在的需要和未来的需要等；人类会遇到灾难、战争、治安等问题，有问题就要解决，也是一种需要，这些都是发明灵感的来源。

（2）可能性选题。科学规律的新发现、某种技术的新发明、仿生学的研究新成果等，也都会给发明家和科学家带来新的可能性，产生新的发明灵感。

本章将具体地讨论发明的各种选题问题。我们列举了发明史上许多案例，按照它们不同的特点归结为不同的选题思路。希望读者在读后能受到启发，可以根据不同条件、自己的特点和兴趣，比较容易地找到自己发明的切入点。

我们在这里所说的是"选题思路"，而同一发明实例可能有不同的思路，从不同的方向都有可能想到它，所以我们列举的发明实例，在思路安排上你可能会发现有重复。因为选题思路不是"分类"。分类应该具有排他性。所谓排他性，是指某一事物如果属于 A 类，就必然不属于 B 类，反之亦然。而思路不需要具有排他性，从一个思路想到某一个发明，从另一个思路也可能想到同一个发明。此外，我们在本章讨论的选题思路，也不是唯一的，而是见仁见智的，不同作者可以总结出不同的思路。

正如许多作者强调的，技术发明一定要有新颖性，是前所未有的东西，哪怕是局部性质的改进。另外，技术发明的过程虽然都很曲折，但最终都要符合科学原理，否则就不可能成功。

一、探索性选题

这一类选题，常常是为了实现人类的理想或幻想，不一定是有现实的需要，更不一定有现实的市场。这种选题的结果，不一定有经济上的回报，甚至会作出牺牲，因而是悲壮的，有时甚至需要几代人的努力。但如果成功了，影响往往是深远的，具有推动历史前进的伟大意义。一个伟大的民族，必须要有勇于承担这种发明选题、不计成本、不计个人后果的发明家，他们才是民族的脊梁。

飞行器和潜水艇的发明，就是很典型的例子。

可能自从人类出现，就对鸟类的自由飞翔羡慕不已，幻想着自己也能像鸟一样自由飞翔。这种幻想或者梦想，逐渐演变成美丽的传说。在中国古代就有嫦娥奔月的故事，还传说鲁班制作木鸟，飞天三日不落等；古希腊也有类似阿波罗自由飞行英雄式的传说。

美丽的传说在人们心目中确立了飞行的目标，进而成为人类探索飞行的动力。

中国古代就有风筝、竹蜻蜓、孔明灯和箭羽等飞行器的成功先例，还有相风鸟、走马灯等与飞行有关的发明，更为伟大的发明是火药和火箭。这是中国人民高度智慧的体现，也是对世界航空事业的重大贡献。

西方古代的人们更加倾向于亲自尝试，他们勇敢的飞行冒险，许多看似有点鲁莽的牺牲，却体现了伟大的创造精神。他们研究了鸟类的飞翔原理，设想过扑翼机（图 2.1）、降落伞、直升机的可能，发明了热气球、氢气球、飞艇（图 2.2）、滑翔机。

图 2.1　扑翼机　　　　　　　　图 2.2　齐柏林飞艇失火爆炸

千百年来人类将飞行的梦想变为现实的努力，逐渐形成伟大的滚滚洪流。那么多杰出的科学家和发明家都在这方面进行过研究，包括达·芬奇、乔治·凯利博士、兰利教授、贝尔博士（电话发明人）、马克沁（机枪发明者）、查纽特、帕察斯（蒸汽涡轮发明者）、托马斯·爱迪生、李林塔尔、阿尔代、菲利普斯先生、莫柴伊斯基等。但是他们都没有获得最后的成功，有些人甚至为此失去了生命。

在经过先贤们无数牺牲与惨痛失败之后，莱特兄弟（图 2.3）应运而生。他们勇敢地继承了人类飞翔理想的伟大发明课题。他们在航空理论方面取得了突破，解决了飞行稳定性问题，并及时抓住了内燃机发明的历史机遇，使自己在飞机的发明方面首先取得了突破。1903 年，莱特兄弟的飞行者-1 号在北卡莱罗的试飞，取得了伟大的成功！

图 2.3　维尔伯·莱特（左）和奥维尔·莱特（右）

美丽的海洋浩荡宽广，蓝色的海水波涛起伏，海洋——这个神秘的世界，千百年来一直在召唤着我们。尤其是那深不见底的海底世界，更是吸引着人类去探寻、去征服。多少年来，潜入海洋深处一直是人类的梦想。

传说意大利艺术大师兼发明家达·芬奇最早进行了关于潜艇的设计。最早见于文字记载的潜艇研究者是意大利人伦纳德，他于 1500 年提出了"水下航行船体结构"的理论。1578 年，英国人威廉·伯恩出版了一本有关潜艇的著作——《发明》。

40 年后，一位居住在英国的荷兰物理学家——科尼利斯·德雷布尔看到了威廉·伯恩所写的书，于是他产生了把威廉·伯恩的理论变成现实的想法。1620 年，他成功地制造出人类历史上第一艘潜水船，它是人类历史上第一艘能够潜入水下，并能在水下行进的"船"。德雷布尔的潜水船被认为是潜艇的雏形，所以他被称为"潜艇之父"，此后百多年间潜艇的发展进入了"慢车道"甚至停滞期。直到 1776 年的美国独立战争中，潜艇（图 2.4）才第一次登上了战争的历史舞台，逐渐演变至今，成为一种用作战术、战略进攻的可怕战争武器。其中战略导弹核潜艇，还成为所谓三位一体核反击体系中的最重要的一件武器，对潜在的敌国具有强大的威慑力，被称为是一个国家的"定海神针"。

　　人世间的美好，大自然的美丽，亲人间的感情，使人常常产生人生苦短的哀叹。因此，长生不老，也是人类长期追求的理想。但它显然与唯物辩证法的哲学观点抵触。按照唯物辩证法，世间一切事物都有起点，也都有终点。历史上一些帝王将相，为了长生不老，万寿无疆，请来炼丹术士为自己炼制金丹。不过为长寿而产生的炼丹术并不能达到长生不老的目的，但却意外地导致冶金技术的产生（图 2.5），对现代工程技术产生了深远而无可估量的影响。

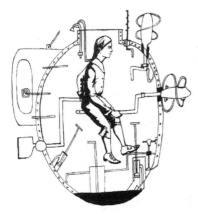

图 2.4　世界上第一艘实战潜艇示意图　图 2.5　《天工开物》中记载的炼铁术

　　虽然人类不能长生不老，但却可以设法延年益寿。当然延年益寿也是极其复杂的事情，不可能很快地解决。首先应该进行生物学的基础研究，从分子生物学的层次上弄清决定寿命长短的机理，再从基因工程的角度研究介入影响寿命的方法，最后发明一种药物或一种方法，才有可能达到延长人类寿命的目的。近年来，科学家终于发现，染色体末端的端粒是染色体端部的保护帽，它影响着人类的年龄和健康。染色体终端对 DNA 起保护作用，DNA 每复制一次，端粒就会变短一些，直至最终无法再保护 DNA。因此，DNA 便可能受到损伤或发生突变，导致人的衰老。所以，如何让老细胞"返老还童"，关键在于染色体末端。美国斯坦福大学医学院的科学家最近成功地发明了一种新的方法，能够快速而有效地延长人类染色体末端的长度。这项技术有望延长人的寿命，并且战胜衰老导致的疾病。

顺便说一句，当前公认的、最现实的长寿"秘诀"是：合理饮食、适当运动、劳逸结合、保持愉悦、有病就医。

长期以来，癌症和艾滋病被看作不治之症，不仅给病人带来生与死的恐惧，也给社会造成巨大经济负担，所以征服癌症、征服艾滋病，也是人类的共同理想。为了达到这些目的，需要首先进行基础研究，弄清癌症和艾滋病的作用机理，再研究干预它的方法，最后再发明一种药物或方法，战胜癌症和艾滋病。在人类完全战胜癌症之前，当前值得推荐的防癌对策是：定期检查、早期发现、早期治疗。

受控热核反应，也是一个典型的例子。自从 1942 年在美国曼哈顿工程中，意大利物理学家费米领导的科学家团队，发明并建成了世界上第一个核反应堆之后，人类就进入了利用核能（俗称原子能）的阶段。但是至今，人类只能利用"裂变"产生的核能，而用裂变产生核能，核原料来源（铀 235）比较稀缺，难以大量长期使用，另外它产生的核废物有放射性污染，对环境有极其不利影响。但与裂变相对应的，就是核"聚变"，也被称为热核反应，后者正好没有前者的缺点。它的核燃料（氢的同位素氘和氚）来自于海水，资源极为丰富，足够人类利用万亿年的时间；反应产物没有污染，不破坏环境；能量巨大，足够地球上人类的任何需求。受控热核反应的优点非常突出。但是人类目前只能实现不受控制的热核反应，即氢弹爆炸，尚不能和平利用聚变产生的更大的核能，也就是尚不能实现所谓"受控"的热核反应。因此，研究利用可以控制的聚变热核反应，即受控热核反应技术，已经成为人类追求的梦想，也就成为几代科学家前仆后继、不断追求、贡献毕生精力的使命和责任。20 世纪 50 年代苏联科学家阿齐莫维齐等提出的"托卡马克"装置，是最有前途的受控热核反应的实验装置之一，到目前已经有了很大的进展，但要达到可以实用的阶段，还有很长的路要走。除了托卡马克之外，受控热核反应的实验方案，还有用激光束或电子束、离子束对热核燃料小球的惯性约束等，都在密锣紧鼓地研究中。

探索性发明具有艰巨性、危险性和不确定性，有时一个人的一生也不能完成，往往还耗资巨大，比较适合国家或大企业支持的开发性课题来进行。

二、科学规律应用性选题

许多人有一种误解或错觉，认为基础科学的研究，只是研究理论，甚至只是研究所谓的"纯理论"，跟工程应用没有多大关系。但这种观点是错误的、脱离实际的，是极其有害的。科学技术发展史告诉我们，实际上基础科学的成果，对于工程技术的发明，有着极其重大的意义。基于基础科学规律应用，开发一种以前没有的技术，是属于原创性的发明选题。这一类选题，如果能够获得成功，对人类历史都将产生深远的影响。电机、无线电报、激光、核能等技术的发明，都是这方面的典型例证。关键是发明家要关注自然科学的发展，科学家也要致力于理论应用到技术发明，最好二者要有经常的沟通。国家科技政策主管部门应该考虑到这个因素，制定构建相关机制，引导科学家和发明家自觉将科学成果应用于技术发明。有实力的大企业也应该注意这个问题，适时邀请科学家来交流相关领域的科学进展。

我们用几个历史上著名的案例来说明。

美国科学家富兰克林，经过观察和思考，认为雷电很可能是一种放电现象，它和在实验室产生的闪电在本质上是一样的。为了证明这一点，富兰克林设想了用风筝来引雷电的实验方案。1752年6月的一天，雷鸣电闪，乌云密布，一场暴风雨眼看就要来临了，富兰克林和他的儿子一道，带着上面装有一个金属杆的风筝来到一个空旷地带。当他们放起了风筝，就已经是雷电交加了，雷电顺着金属丝传到了他的手上，使得他感到了恐怖的麻酥酥的感觉！他抑制不住内心的激动，大声呼喊："我被电击了！"后来，富兰克林用雷电进一步作了各种电学实验，证明了天上的雷电与人工摩擦产生的电具有完全相同的性质。更加可贵的是，富兰克林想到，既然天上的闪电可以通过导线引导到地面，是否可以用导体做成"避雷针"防止雷害呢？他把几米长的铁杆，用绝缘材料固定在屋顶，杆上紧拴着一根粗导线，一直通到地里。当雷电袭击房子的时候，它就沿着金属杆通过导线直达大地，而使得房屋建筑完好无损。1754 年，富兰克林发明了避雷针并且开始了实际应用。

1820 年，奥斯特发现电流的磁效应，第二年，法拉第重复了奥斯特的实验，发现电流对磁极有横向作用力，使之有绕电流做圆周运动的倾向。根据这个效应，法拉第设计制造了一个能够使磁棒绕通电导线旋转和使通电导线绕磁棒旋转的对称实验装置。法拉第的这个非常巧妙的"电磁旋转"实验，实现了电能向机械能的转化，同时也实现了连续的转动，成为人类历史上第一台电动机。

1831 年，法拉第发现了变化磁场能够在封闭电路中产生电动势，就是著名的电磁感应现象。他当时总结出五种情况下，即变化的电流、变化的磁场、运动的恒定电流、运动的磁铁、在磁场中运动的导体，都会在导体中产生感应电流。法拉第用一个可转动的金属圆盘置于磁铁的磁场中，并用电流表测量圆盘边沿和轴心之间的电流。实验表明，当圆盘旋转时，电流表发生了偏转，证明回路中出现了电流。也就是说实现了机械能转变为电能，这是历史上第一台发电机。

1864 年，英国的伟大物理学家麦克斯韦根据他自己提出的电磁方程组预言了电磁波的存在。1888 年赫兹在试验中发现，一个线圈里的电磁振荡，可以在旁边另一个线圈里引起电磁振荡，终于证实了电磁波的存在。7 年以后，马可尼和波波夫都想到，应该可以利用赫兹的电磁实验方法，用来发射和接收莫尔斯电码。于是他们各自独立地发明了无线电报（图 2.6），开创了无线通信技术的新纪元。

俄国的齐奥尔科夫斯基（图 2.7）是现代宇宙航行学的奠基人。1882 年，当时还是一位中学教师的齐奥尔科夫斯基自学了牛顿第三定律。这个看似简单的作用与反作用原理突然使他豁然开朗，产生了一个非同小可的灵感。他在日记中写道："如果在一只充满高压气体的桶的一端开一个口，气体就会通过这个小口喷射出来，并给桶产生反作用力，使桶沿相反的方向运动。"这段话表明他根据作用反作用定律发明了火箭飞行的原理。

图 2.6　马可尼和他的无线发报机

图 2.7　齐奥尔科夫斯基

核能技术的发明，起源于爱因斯坦 1905 年提出的狭义相对论，其中的质能公式 $E=mc^2$ 昭示着物质中蕴含着令人瞩目的巨大能量（图 2.8）。因为光速的平方 c^2 是一个很大的数字，所以极小一点点的质量 m 就对应一个极大的能量。这个公式引起了物理学家的极大关注，但当时没有人知道怎样发掘出这些能量。直到 1939 年，德国物理学家哈恩和斯特拉斯曼等发现，在

图 2.8　爱因斯坦和他的质能公式 $E=mc^2$

重核裂变过程中有所谓"质量亏损"现象，亏损的质量对应着一份核能的释放，才使人们找到了开发核能的一个具体途径。后来在美国曼哈顿计划中，由著名物理学家费米领导的工作小组，在 1942 年完成了人类第一次核反应堆

的稳定运行，实现了核能的稳定释放，使人类进入了核能时代。

激光技术起源于爱因斯坦于 1917 年提出的受激辐射理论。该理论显示，在一定条件下，一个光子经过一个原子，可以出来两个完全相同的光子，这样光子数就会一变二、二变四……，从而具有了被放大的可能。为了利用这个特性去实现某种光学仪器，世界众多杰出的物理学家们进行了长期的努力，先是美国的汤斯发明了微波激射器，后来美国的光学家肖洛提出使用类似法布里-珀罗干涉仪的光学谐振腔，实际上完成了激光器的全部设计。但最后戏剧性地在 1961 年由美国青年物理学家梅曼抢先实现了红宝石激光器，获得了首功。

电机、核能和激光技术，都是典型的基于基础科学规律应用的重大原创发明，也是科学家自己担当发明家获得成功的典型案例。这方面更多详细的内容，见第三章。

热管技术的发明，也是利用了自然科学规律。大家知道，许多液体，如水，在蒸发时要吸收大量热量，而在凝结时又要放出大量热量，这就是相变潜热现象。1942 年美国人高勒根据相变潜热现象提出了"热管"的概念。就是在一个特殊设计的管子里，封装一定的工作液体，将管子的一头放在较高温的环境中，另一头处在较低温的环境中，使工作液体在它的高温端蒸发，从而从外界吸收大量热量，再将这些液体的蒸汽输送到管子的低温端，使它向外界大量放热从而使工作液体凝结，凝结的液体再流回高温端，重新循环。这样就实现了大量热量的搬运，这个概念就是所谓的热管（图 2.9）。但是他的概念没有引起注意。20 年后，由于航天工程的需要，1963 年美国工程师格罗弗据此重新发明了热管。由于相变潜热传递的热量是巨大的，所以热管对热量有超强传导特性（被

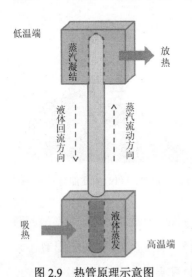

图 2.9　热管原理示意图

称为传热的超导体），还有单向传热的特性（又被称为传热的二极管），因此在工程上得到广泛的应用。

到 20 世纪 70 年代，热管已经有了大量的应用，它广泛用于航天器的温度控制、电子器件的冷却和各种能量回收系统中的换热装置。它也是热气机传热系统的理想器件。一个著名的应用是青藏铁路工程设计，因为青藏铁路是建在冻土带上的，保证冻土带不被融化是第一要紧的。怎样才能做到这一点呢？我们看到，在铁路的两边，排排热管整齐排列。每到冬天时，当外边的气温极低，由于热管的超强传导特性，可以将地下的热量大量吸出；而在夏天，因为热管的单向导热性，外界的热量不会通过热管倒灌回地下。这就保护了地基的稳定性。

人工杂交水稻，是 20 世纪 70 年代后，我国农业科技界的一项重大发明，是由袁隆平院士领导的团队，应用孟德尔、摩尔根遗传学基因分离、自由组合和连锁互换等规律，培养出来的高产水稻品种。高产人工杂交水稻培育的成功，对于我国乃至世界人类的粮食安全作出了巨大贡献。

理想卡诺循环的热效率与温度的关系，提示人们，为了提高热机的热效率，就应该提高工质的工作温度，降低工质在工作结束后的温度。于是，各种高温高压蒸汽机应运而生，提高气缸内的燃烧温度也是改进内燃机的方向。

大多数光学仪器，如望远镜、显微镜等，都有圆孔结构。圆孔衍射的瑞利分辨率公式显示，对于穿过圆孔的波长较短的波动，成像具有更高的分辨率。而可见光的波段是有限的，在 400～750 纳米，最短波长是 400 纳米，实际显微镜的最高放大倍数不会超过 2000 倍。怎样进一步提高放大倍数呢？到 20 世纪 30 年代，人们已经知道电子的德布罗意波可以容易地得到 0.1 纳米的波长，不过用什么透镜来聚焦电子的波动呢？1923 年，德国科学家蒲许提出了磁聚焦原理，就是用磁场聚焦电子流的理论。据此，德国柏林工科大学的年轻研究员卢斯卡，于 1932 年发明了第一台电子显微镜

图 2.10 卢斯卡（左）的电子显微镜

（图 2.10）。现在的电子显微镜放大倍数最高可以达到几十万倍。

你可能知道中国古代小说《儒林外史》中崂山道士的穿墙术（图2.11）吧？你一定会觉得那是一个非常荒诞的故事。但量子力学告诉我们，微观世界的电子却真的可以像崂山道士一样，以一定概率穿过一道"墙"（绝缘层），这就是量子隧道效应。在一定的条件下，这个概率跟墙的厚度有关，墙越薄，穿透概率越高。这个规律有什么应用的可能呢？1981 年由格尔德·宾宁（G. Binning）及海因里希·罗雷尔利用这个特性，在 IBM 苏黎世实验室发明了一台观察和测量固体表面微观结构的扫描隧道显微镜，可以放大几亿倍。他是这样设想的，用一根带电压的导体针近距离地沿着固体表面平行移动，因为固体表面高低不平，与针的距离就会发生变化，根据量子隧道效应，导体针里边的电流就随着距离变化。电流大就代表距离近，电流小就代表距离远，所以这个变化的电流就极其精细地刻画出了固体表面的形状。

图 2.11 崂山道士的"穿墙术"

美国南加州大学的莱昂那多·阿德莱曼，在 20 世纪 90 年代研究 DNA 的规律时，注意到从数学上讲，单链 DNA 可看作由符号 A、C、G、T 组成的串，同电子计算机中编码 0 和 1 一样，可表示成 4 字母的集合来译码信息（图2.12）。特定的酶可充当"软件"来完成所需的各种信息处理工作。不同的酶用于不同的算子，如限制内核酸酶可作为分离算子，DNA 结合酶可作为绑结算子，DNA 聚合酶可作为复制算子，外核酸酶可作为删除算子等。这样，通过对 DNA 双螺旋进行丰富的、精确可控的化学反应以完成各种不同的运算过程，就可研制出一种以 DNA 为芯片的新型计算机。已被证明 DNA 计算至少在理论上是行得通的，可以解决图灵机所能解决的所有问题。于是人们开始了 DNA 计算机的研制工程。

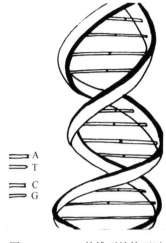

图2.12　DNA 的排列结构可以看作一种编码

除了上述对整个科学定律的使用外，还有一种思路，就是找寻哪些因素尚未使用，可以怎样使用。在电子学中，各种因子几乎都被使用过了，法国科学家阿尔贝·费尔和德国科学家彼得·格林贝格尔发现电子自旋的特性还没有被应用，它是否可以被利用呢？1988 年，他们发现如果利用电子自旋，与磁介质上不同的磁场发生相互作用，产生势能的变化，如果电子由电势低处向电势高处流动，就需要更大的能量，相当于较大电阻，反之就相当于较小电阻，于是就改变了电阻，这就是所谓"巨磁阻"现象。1994 年，美国 IBM 公司首先研制成功巨磁阻读写磁头。由于巨磁阻效应，磁盘读出数据的灵敏度大大提高，所以使得磁存储密度极大的提高，实现了跨越式的发展。到 2007 年，美国希捷科技公司推出了 1TB=1000GB 的超大容量硬盘，足以维持 200 小时的视频。这些成就极大地改变了今天电子产品的性能特点和面貌。阿尔贝·费尔和彼得·格林贝格尔因此获得了 2007 年诺贝尔物理学奖。

巨磁阻效应的应用已经成熟，现在科学家又在利用量子力学的隧道效应来影响电阻，即"隧穿磁阻效应"。前面提到的扫描隧道显微镜，就是利用了量子力学的隧道效应。这里再次利用量子力学隧道效应，则是为了用来影响电阻。

概括地说，对于一个科学规律，想想它有什么可能的用处？怎样去实现？如何增强效应？这就是基于科学规律应用的发明思路。

三、特殊现象应用性选题

我们在生活中，特别是发明家和科学家在研究工作中，常常会发现一些特殊现象。特殊现象也是一种客观规律，但不是指基本规律，基本规律在一定范围内具有普适性。特殊现象是往往需要满足一系列特殊条件，才会出现的特定现象。特殊现象往往也是可以利用的，成为发明灵感的源泉。对于一个特殊现象，想想它有什么可能的用处？怎样去实现？这就是基于特殊现象应用的发明思路。在人类的发明史上，众多发明家利用这种基于特殊现象应用的思路，作出了许多重要发明。

世界上第一个听诊器、爱迪生的留声机、马克沁机枪、雷达、微波炉、二极和三极电子管、钟表、青霉素等的发明，都是特殊现象应用的发明。详见后边的第三章。

四、新技术的应用性选题

寻找新技术（包括新材料）各种可能的应用，对于发明家来说，是一种创造性难度相对不太大，而且能够快速成功的很好地发明选题思路。因此，每当一种新技术、新材料出现，就引起大批发明家进入应用性发明的热潮，这种热潮甚至可以持续许多年。

例如，内燃机发明之后，先后被应用在汽车、火车、轮船、飞机、农业机械、工程机械，甚至用气锤作为动力，大大提高了各种机械的效率，进一步推动了动力机械的小型化。又例如，遥控技术出现之后，人们相继发明了遥控飞机、遥控电视、遥控玩具、遥控电扇、遥控空调、遥控大门、遥控机器人、遥控炸弹和遥控地雷等。

自从塑料发明之后，由于塑料具有良好的成型、成膜性，绝缘、耐酸碱、耐腐蚀性、低透气、透水性，而且易于着色、外观鲜艳等特别优良的性质，使得后来的发明家们陆续发明了塑料各种各样的制品和用途，使得现在的商品面目一新。

碳纤维复合材料的发明，给发明家带来了新的契机，被广泛运用于航空、航天、军工、医疗和体育休闲设备的结构材料。大到火箭壳体、飞机机身部件、直升机桨叶，小到撑竿跳杆、乒乓球拍底板、甚至钓鱼竿等，都成为碳纤维复合材料的用武之地。

在科学家应用分子生物学的规律，发展了转基因工程技术之后，人们相继发明了各种转基因农作物，包括转基因的玉米、棉花、大豆和油菜子，还有土豆、西红柿、向日葵、香蕉和瓜菜等，使得这些农作物产量大幅提高，各种抗性也有提高。作者曾有个梦想，能否用转基因技术获得一种抗旱树种，使得将来的干旱地区，都能够实现森林覆盖和大面积绿化？

飞机作为一种技术平台，发明家在其基础上开发了侦察机、战斗机、轰炸机、加油机、预警机、客机、货机、农用飞机、救火飞机等。同样，人造卫星问世以后，相继发明了通信卫星、侦查卫星、定位卫星、遥感卫星、气象卫星等。

特别要提及的是，现代互联网已经成为一个伟大的技术平台，为广大的 IT 业工程师提供了创造性应用开发的巨大空间。例如，电子邮件、QQ、博客、微博、微信、游戏、棋牌、网上银行、电子商务、支付宝、滴滴打车，包括地图和导航在内的地理信息系统等。就是在（移动）互联网、大数据、云计算等科技不断发展的背景下，对市场、对用户、对产品、对企业价值链乃至对整个商业生态进行的重新审视和改造。这就是现在所谓的"互联网思维"。我们认为，它实际上应该归类为寻找互联网技术平台各种应用的发散思维，详见第四章。

最早关于记忆性合金的报道，是在 1938 年，美国的戈瑞宁杰尔和莫拉丁以及苏联的库尔迪莫夫，先后发表了关于铜-锌合金马氏体热弹性转变的论文。这种合金有一定的可塑性，在外力作用下会产生变形，但奇特的是，如果把外力去掉后，在一定的温度条件下，它又能恢复原来的形状，好像具有记忆力。用记忆性合金做心血管支架，送入体内时很细，进入体内达到体温就膨胀为设计所需的直径，完成了支撑血管的功能。用它制成温度传感器（或执行器），可用于消防报警，也可在高温时自动关闭阀门以防止淋浴烫伤。用它做眼镜架、汽车外壳，当你不慎碰撞变形，可通过加热来恢复原样。利用记忆合金来对接管子，能自动形成紧配合的管套……

当然，所谓新技术本身也会随着时间而不断进步，所以利用它发明的东西也需要不断更新，不能保守止步不前。例如，把内燃机用在轮船上就成为汽轮，可是内燃机也在不断进步，因此汽轮也要跟着不断引用新型内燃机，使自己的性能不断提高。所以这种应用新技术的热潮可以持续许多年，只是严格地说，后边的过程就算不得真正的发明了。

五、技术集成性选题

随着时代的进步，总是不断地会有新技术出现，每一个新技术出现，都可能是发明家的机遇。把这些新技术跟以前的装备相结合，实现性能上的改进，甚至功能上的突破，就是新技术集成性选题。其成果可以仅仅是原有机械的某种改进，也可以是全新技术的出现。

1679 年，法国人卡格诺制成了第一辆装有蒸汽机的三轮汽车。这是把当时发明不久的蒸汽机集成到马车上的结果。不过由于蒸汽机太大、太笨重，还要烧煤，虽然可以行走，但没有获得商业上的成功。1883 年，德国工程师戴姆勒和迈巴赫研制出世界第一台实用汽油机。1885 年卡尔·奔驰在一辆三轮车上安装了一台汽油机，发明了世界上第一台内燃机汽车（图2.13）。

此后汽车不断地集成各种新技术，包括各种新型发动机、传动操纵机构、

图 2.13 世界上第一台内燃机汽车

新型车轮、内饰、收音机和音响、灯光、通信、导航，甚至自动驾驶等，越来越安全、快捷、方便、省油、舒适，成为今天我们享用的现代汽车。

1903 年莱特兄弟发明飞机之所以成功，除了因为他们解决了飞行器的稳定性、操控性之外，还因为他们及时地把当时发明不久的功率-重量比高的汽油机集成到飞机上来的缘故。此后飞机也是不断引进各种新技术，包括新动力、新材料、新设计、新电子设备等，成为各种性能先进的现代飞机。

20 世纪初，刚发明不久的飞机本身，也作为一种战场侦察、投送弹药的新技术被集成到军舰上，成就了现代海军的航空母舰的全新时代。

计算机的发明、发展过程，粗略地说，历经了酝酿期的算筹、算盘时代，机械齿轮时代，继电器时代之后，到第一代电子管时代，第二代晶体管时代，第三代小规模集成电路时代，到第四代大规模、超大规模集成电路时代的发展，还有未来可能的量子计算时代，这也是发明家不断集成新技术的过程（详见第四章）。

计算机技术的发展，特别是电脑芯片的微型化，给电视机的发展带来前所未有的机遇。现在的智能电视，是将电脑技术结合进电视机的产物。它具有全开放式平台，搭载着操作系统，顾客在欣赏普通电视内容的同时，可自行安装和卸载各类应用软件，持续对功能进行扩充和升级的新电视产品。智能电视能够不断地给顾客带来丰富的个性化体验，从而它的市场前景极好。

需要说明的是，本章第四节的内容，是站在新技术的立场上，寻找它的应用；而本节的选题，则是站在原有装备的立场上，寻找用来集成的新技术。虽然两者在具体案例选择上可能会有重叠，但选题的思路和出发点是不同的。例如，19 世纪末发明的内燃机被莱特兄弟的飞机采用，从莱特兄弟发明飞机的角度，是集成新技术；如果从内燃机的角度看问题，则是新技术的应用。

为了实现某一个既定目标，将一系列不同技术有机地整合到一起，形成一个新的系统，使之具有完成该目标的能力，这也是一种技术集成。

我国的太空神州计划，就是一个技术集成的典型例证。火箭技术、遥测遥控技术、通信技术、生命保障技术、飞船技术、返回技术，空间站技术等,集成构成一个大系统。这个大系统能够完成多种指定的航天的任务。这个大系统中的各个子系统互相之间有测量、通信、控制、支持、制约等关系,是有机连接的。

作为技术集成的例证,还可以举出的有在军民两方面都获得广泛应用的GPS,是 20 世纪 70 年代由美国陆海空三军联合研制的新一代空间卫星导航定位系统,由 24 颗定位专用卫星和无数个地面或空中用户接收机组成的,通过一定算法而获得定位数据的服务系统。我国的北斗卫星定位系统也具有这部分功能。

"辽宁号"航母战斗群,由航母及其舰载机、驱逐舰、护卫舰、潜艇、补给舰等组成,用数据链将他们链接起来,再跟陆基军机、陆基战术导弹协同,以及警戒侦查卫星、通信卫星等天基平台,形成一个系统的战斗整体。

六、新发明的完善和商业化型选题

一个发明出来后,往往不很完善,还算不得一件商品,需要大量的改进才能被市场接受。另外,一个发明的问世,就是一种思路的突破,也就给了大家一个启发,在此基础上进行的改进发明,要相对容易。所以这是一个发明家不会放过的创造机会。

1698 年,英国的塞维里最早发明了给矿山排水用的蒸汽泵,它是人类历史上第一台实际应用的蒸汽机械。但是它没有活塞,燃料消耗很大,也不太经济。1705 年,英国的纽可门设计制成了一种更实用的蒸汽机。纽可门为了这个发明,还当面请教了塞维里本人,并且专门前往伦敦求教了大物理学家胡克。他发现,塞维里的蒸汽泵有一个大缺点,就是蒸汽的冷却是靠冷水的注入气缸来实现的,浪费了大量的热。此外,它也只是一台水泵,不能当动力机使用。纽可门把气缸和锅炉分开,在锅炉里加热水产生蒸气。并且在气缸里加上一个活塞,活塞在蒸汽压力、大气压力和真空的相互作用下做往复运动,将动力输出使用,从而成为世界上第一台蒸汽动力机(图 2.14)。纽可门蒸汽机随即被应用于矿井的排水,实现了蒸汽机的初步商业化。

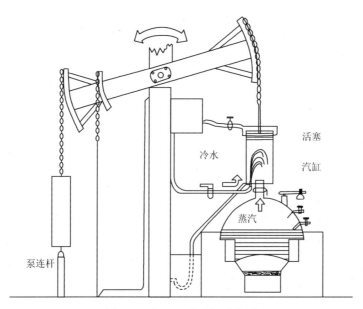

图 2.14 纽可门蒸汽机示意图

1764 年，在英国格拉斯大学实验室当技师的瓦特修理一台纽可门式蒸汽机，在修理的过程中，瓦特熟悉了蒸汽机的构造和原理，并且发现了这种蒸汽机的两大缺点：活塞动作不连续而且慢；蒸汽利用率低，浪费原料。以后，瓦特开始思考改进的办法。到 1765 年的春天，在一次散步时，瓦特想到，既然纽可门蒸汽机的热效率低是蒸汽在缸内冷凝造成的，那么为什么不能让蒸汽在缸外冷凝呢？于是，1765～1790 年，他对纽可门蒸汽机进行了一系列改进，如分离式冷凝器、汽缸外设置绝热层、用油润滑活塞、行星式齿轮、平行运动连杆机构、离心式调速器、节气阀、压力计等，使蒸汽机的效率提高到原来纽可门机的 3 倍多，最终发明出了现代意义上的蒸汽机，完成了蒸汽机的商业化，促成了工业革命的热潮。特别值得一提的是，其中的离心式调节器还是现代自动控制技术的鼻祖呢！

本章第二节里提到的法拉第发明的电动机和发电机，都是原理性的发明，为后人指出了研发设计的方向。但它们本身比较简单，还不能做工业应用，不能市场化。只是后来在雅可比、特斯拉和西门子等一批人的努力下，才得以完善，大规模进入市场，成为今天我们电气化时代的物质基础。

七、商业竞争性选题

大多数发明选题，最后大都跟商业有关。但这里所说的商业竞争性选题，是指直接为了抢占市场份额的竞争性设计选题。这类选题难度不一定很大，但往往能产生很好的商业效果，因此商业竞争性选题很受实业公司的重视。

每一种商品都不可避免地有缺点，针对这些缺点提出改进点，即所谓"缺点列举选题法"，是一种常用的发明选题思路。

例如，日本发明家针对雨鞋"夏天穿闷脚，容易生脚气"的缺点，发明了前后有通气孔的雨鞋；另一个日本发明家针对雨鞋"后跟容易磨损"的缺点，发明了一种在浇模时就在鞋后跟预埋耐磨鞋钉的技术等。虽然这些都是小发明，却获得了市场的欢迎和认可。

对某种商品希望它具有什么优点而进行的设计，也就是常说的"希望点列举选题法"。对于一支笔，希望可以写出两种以上的颜色、希望能粗能细、希望小型化、希望不用打墨水、希望省去笔套等。希望点选题法是由美国内布拉斯加大学的克劳福特提出的。

图 2.15　钟表台灯：台灯闹钟的组合

优点和缺点是相对而言的，缺点改进法主要是针对现有商品，而希望点选题方法则主要是针对正在构思或设计的商品。

将两种不同的商品结合形成一个新的商品，被称之为"组合法"选题思路，也是一种商业竞争性选题思路。例如，将台灯和钟表这两种基本无关的事物相结合，形成一种很受市场欢迎的钟表台灯（图2.15）。而将电话和传真机这两种相互之间具有上下游协作关系的事物相结合，由于使用起来很方便，也是被市场认可的一种商品。

给一个主要商品附加一个不同的装置，是"主体附加"的选题思路。如给自行车附加一个筐、一个后衣架，或附加一个里程表等，都获得了市场的认可。主体附加也是两个不同商品的结合，但附加的装置是为主体服务、完善主体功能的。

按一个相对固定的目录来分析一项技术的方方面面，看看有没有创新改进的可能，即"检核目录法"，也是发明家常用的方法。不同的创造学家可以设计不同的目录。例如，美国创造学家奥斯本的目录为：对于一个特定的工具，看看能否他用，能否借用，能否改变，能否扩大，能否缩小，能否代用，能否调整，能否颠倒，能否组合等。依据这个目录，对一个保温瓶，我们可以设想把它做成冒蒸汽的理疗瓶、电热式保温瓶、外形各异的个性化保温瓶、大瓶盖保温瓶、小型保温杯、不锈钢瓶胆保温杯、装冷饮的保温瓶、多功能保温瓶、具有保温性能的食盒等。

八、灾难对抗性选题

自然灾害往往给人们的生命财产带来巨大威胁，如地震、海啸、火山、洪水等，这必然引起人们强烈的恐惧和焦虑。但对于发明家而言，其中却蕴含着巨大商机。因此，如何对抗和消除自然灾害的后果，是一种极好的发明选题方向。

中国唐山大地震、汶川大地震以及其他地方一系列地震，给人们造成了天塌地陷、家破人亡的可怕灾难性后果。但这也给中国的发明家们带来了创造灵感，能够抵挡倒塌房屋的抗震床（图2.16）、自动救生床、抗震桌等，各种抗震家具的发明应运而生。

日本不仅是地震之国，也是一个海啸

图2.16 防震床

频发的国度，日本一家公司设计了一款家用地震海啸求生舱，一个可以容纳几个人的圆球形避难场所。这个球形的"方舟"不仅防水还具有耐火性，它的直径为 1.2 米，能容纳 4 个成年人。艳丽的色彩便于救援人员发现，在海啸来时，躲在这样的圆球里面就可以安全地漂浮在水面上了。

美国是龙卷风的故乡，它的中东部平原地区每年都有许多龙卷风产生，造成了巨大的生命财产损失和巨大的心理恐惧。为了躲避龙卷风的袭击，一些机敏的建筑商想起给美国人在其自家房屋内建造一个坚固的地下室。人们躲藏在这个地下室，即使龙卷风在自家房屋上边经过，甚至把整座房屋卷走，也可以保全性命。这也是一种给建筑商带来利润的发明创意。

20 世纪末以来的地球，面临全球变暖的严重生态危机。为了解决这个危机，人们想出各种方案。其中一个设想很有创意，那就是"给地球打伞"，使地球降温。美国亚利桑那大学天文学家罗杰安杰尔建议，发射 16 万亿个太空"飞碟"到地球和太阳间，它们连接成片，像遮阳伞一样，为地球抵挡阳光，减少辐射能量。每个"飞碟"宽约 0.9 米，质量不超过 1 盎司（28.35克）。一枚火箭可携带 80 万个这样的"飞碟"到太空，16 万亿个"飞碟"连在一起，就形成"地球阳伞"。这个方案虽然大胆离奇，但是非常有创意。当然，在实施这个大胆方案之前，还要做许多基础的研究工作，进行环境影响评价，防止其他副作用的产生。

有一个发明，应该也可以归在这一类。2013 年，瑞典男子柯尔丁发明了一款"死亡之表"，将其命名为"Tikker"，预计你的生死大限，并且设有一个倒计时钟，显示年月日时分秒，提醒你的生命还剩余多久。虽然它只是象征性的，并不是真正准确的，但确实可以警醒人们把握人生。柯尔丁称，是因为他的祖父离世，使他有感于人生苦短，希望世人把握时间，才产生了灵感，发明了 Tikker。柯尔丁表示，Tikker 其实是"快乐手表"，是要倡导积极生活，提醒人珍惜光阴，不要蹉跎。

世界上一些地方有空气污染和雾霾，使得许多百姓担心自己的健康。这也给一些商家提供了商机，他们及时推出不同规格的室内空气净化器，得到了市场的认同。

还有一个有趣的话题，虽然算不得灾难，但也可以归在这一类。近年来"中国大妈"们的广场舞跳遍了全中国，甚至还走出了国门。这当然是我国全民健身运动的巨大成绩，也是国家兴旺发达的标志，但是随之而来的是噪声扰民的问题。于是一些发明家想出了许多点子，有的用小型无线发送机放送音乐，舞者则用耳机无线接收，外人听不见；有的用抛物型反射面将音乐汇聚到一个方向，只有这个方向的人才能听见音乐，其他方向的人一概都听不见，这个方案的另一个好处是还可以节省音响的功率。

九、军事对抗性选题

军事上的一种武器出现，发明家最终必然会想到去发明一个对抗性的武器。因为军事事关国家安全，是举国关注的大事，因此这种选题必然会得到国家高度重视和大力支持。所以对于军事对抗性选题，有条件的发明家应该十分重视。

历史上，可能除了石块之外，长矛是最早的武器之一。我们并不清楚长矛是什么时候首次出现的，但长矛的威力肯定是令敌人胆寒的事。为了对抗长矛，盾牌就被发明出来。众所周知的矛与盾的故事，就是与此有关的。

火枪是长矛的发展，第一次世界大战（简称一战）中发明的马克沁机关枪更是威力巨大，战场上射杀步兵无数。为了对抗马克沁机枪，也是为了克服敌方的壕沟和铁丝网，1914 年英国斯温顿中校将当时的履带式拖拉机技术跟装甲相结合，发明了早期的坦克。最早的坦克其实就是一台装甲拖拉机（图 2.17）。但据考证，世界第一种配备发动机和武器的装甲战车其实是由澳大利亚工程师莫尔于

图 2.17 英国人发明的最早的坦克

1912 年发明和设计的，只是没有得到有关方面的重视而未能实现。

为了对付当年的华沙条约集团令人恐怖的庞大坦克群，北约方面想出了许多方案，如原子地雷、原子大炮等，但最成功的还是武装直升机，将反坦克导弹和机炮装上直升机就是武装直升机。可以说，武装直升机是"会飞的坦克"，厉害无比，武装直升机成了坦克的天敌和克星。

针对武装直升机，有人别出心裁，发明了反直升机地雷。这种地雷，由人工、飞机或其他远程布雷方式投放，它能够识别直升机的噪音，具有敌我识别的功能，可以在 400 米范围内打击 200 米高度的敌方直升机。而对其他偶然的干扰则不作反应。

图 2.18　一战时防空警戒用的听音器

一战时，是用听音器来发现敌方飞机的（图 2.18）。随着军用飞机的威力越来越大，为了早期发现敌方的战斗机和轰炸机，1935 年，英国著名的物理学家沃特森·瓦特利用电磁波可以被物体反射的特性，发明了远距离发现敌方飞机的犀利武器——雷达。

雷达的出现，使得战机极易被对方发现，面临巨大危险。为了击毁敌方的雷达，1964 年美国德克萨斯仪器公司推出了"百舌鸟"反辐射导弹，首先应运于越南战争。反辐射导弹利用敌方雷达电磁波束作制导，将自己引向对方的雷达天线，将其击毁。

另外，发明家利用飞机表面形状对电磁波的反射规律和表面材料的吸波性质，隐形飞机就应运而生。最早的隐形战机或者说隐形战机的概念来自于第二次世界大战（简称二战）时期的纳粹德国，二战后美国获得了德国大量的军事情报和技术，包括隐形飞机的技术。美国 U-2 侦察机就具有一定的隐身功能，到 F-117 才算是世界第一架隐身轰炸机。隐形飞机是对雷达技术的反制。

1957 年洲际导弹的产生，对于世界各国都是巨大的威胁。随之而来产生的反导系统就是其对抗性发明的。反导系统是一个巨大的系统工程，要有预警、搜索、跟踪、预测、打击等功能部分的合作。空间有预警卫星，天上有预警机，地上和海面有强大的雷达，基地有计算机，阵地有导弹，互相配合，构成天罗地网，才能成功。

反导系统反过来又对于洲际导弹造成了威胁，各种能作变轨机动飞行的导弹、超低空贴海飞行的巡航导弹和作高超音速飞行的导弹又成为穿破反导系统的明星。

由于近地天空的武器已经趋近饱和，于是科技先进的国家又转向争夺太空的控制权。大量空天飞机、空天母舰的所谓"全球快速打击系统"研制计划已经在热火朝天地进行。相应地，未来具备预警探测、杀伤拦截临近空间与空间高超音速、高机动变轨空天目标能力的新一代防空防天装备系统，也必将崛起。

十、公共安全性选题

警察和研究人员为了破案的需要，针对罪犯的各种手法，发明了许多对应的技术和仪器，就是公共安全性选题。因为这对于维持社会秩序的安定有重大意义，所以这一类发明必然会得到国家高度重视和大力的支持。

1684 年，英国植物形态学家格瑞发表了第一篇研究指纹的科学论文。指纹专家在长期实践的基础上，根据指纹特征的唯一性，刑侦技术人员发明了指纹识别技术。把现场提取到的指纹跟嫌疑人指纹比对，就能得到确切的同一性结论。

相对指纹识别技术而言，DNA 鉴定技术甚至具有更加强大的功能。1984 年英国遗传学家杰夫瑞斯发明 DNA 鉴定技术，不仅能对现场提取到的体液、皮屑、毛发，跟嫌疑人作同一认定，还能辨别嫌疑人跟其亲属之间的血缘关系。故此指纹识别技术和 DNA 鉴定技术，是警察侦破刑事案件最为有力的手段。

针对罪犯在身体内藏毒、藏爆和走私的手段，利用电磁波在导体上的反应，发明了手持金属探测仪；而利用 X-射线的穿透性，发明了安检 X-射线安检仪。这些特殊技术，让犯罪分子无处遁形。

为了寻找罪犯的踪迹、追溯犯罪的经过，利用电子技术特别是信息存储技术的长足发展，发明了视频监控设备和系统。这些监控录像设备系统，安放在各个关键的地点，其作用有如天眼，让犯罪分子无处躲藏。

犬类的嗅觉比人类要强 1200 倍，尤其对酸性物质的嗅觉灵敏度更是高出人类几万倍。根据狗的嗅觉极其灵敏的这个特点，缉毒犬、排爆犬、搜救犬、追踪犬等，各种工作犬被训练出来。这对公安、海关、边防和反恐的工作作出了巨大贡献。

顺便提一下，犯罪分子也在不断翻新作案的手法和技术：他们利用化学的规律，发明了制造毒品的新工艺；利用各种可能的漏洞，发明了走私的新方法；运用心理学原理，发明了诈骗的新手法；等等。对此公众也需要足够的了解和警惕，以免上当受骗，甚至被他们利用，当枪使。警察和研究人员也要不断发现犯罪新动向，发明破案新技术来应对这些新的犯罪技术。

十一、系统组合性选题

将多个有一定功能的相同的单个装置联成系统，赋予其新的功能，这也是一种发明选题思路。这种选题往往需要巨大的人力、财力支持，不是个人能够完成的，但其思想必然是由一个人首先提出的。而且它的结果，往往对社会发展具有重大深远影响。

19 世纪先后发明的有线电报和无线电报，都是一种由处于城乡各处大量的收发报机组成的庞大系统，包括收费、发送、接收、投递的部门，提供给大众远距离快速传递数据信息的服务。

20 世纪初问世的无线电广播和电视，也是一种由广播或电视的发射机与许多个接收机组成的系统，包括采编、制作、推销、广告等部门，为大众提供声音和影像的服务。1920 年 11 月 20 日美国匹兹堡 KDKA 广播电台成为世界上第一个广播电台（图 2.19）。

图 2.19 匹兹堡 KDKA 广播电台

在 20 世纪 20 年代底特律警察车载无线电系统技术基础上发展起来的移动通信技术，是一个由许许多多基站和无数个手机组成的系统，为民众提供方便快捷自由的电话通信，甚至网络服务。

应该说，系统组合性选题，除了需要思路和灵感之外，往往还需要解决一系列技术关键问题。只有这样，才能真正实现人们预先的构想。

十二、机器内部或相互之间的矛盾性选题

机器的一部分改进了，原来和它配合的其他部分却没有进步，二者有时就会不协调，产生出矛盾。为了解决这个矛盾，就产生了新的课题。这就是机器内部矛盾性选题。这个规律很有趣，某个机器的一个局部的新发明获得成功，就有可能引起另一个发明的选题，或者前后工序上某个机器环节的改进性发明，促使相关的环节的机器也必须跟上。

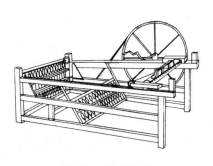

图 2.20 珍妮纺车

1733 年英国钟表匠凯伊发明了飞梭，使织布机的效率成倍提高，幅面也加宽，但是却由此产生了"纱荒"。为了解决纺纱和织布之间的不平衡，于是在 1765 年哈格里沃斯发明了以他女儿名字命名的竖锭珍妮纺车（图 2.20），极大地提高了纺纱效率。

二战之后，舰载机由螺旋桨推进式发展为喷气推进式，飞行速度大大提高，从而起飞和降落速度也大大提高，使得原有航母不能适应。因此迫使人们除了加大航母的吨位和飞行甲板的尺寸之外，还发明了滑跃式起飞甲板和蒸汽起飞弹射器，以及拦阻索和菲涅尔助降镜等。

由于电子计算机的计算速度越来越快，原有的电子管存储器已经不能适应，逼迫存储速度也要跟上来。1949 年，王安发明了磁芯存储矩阵，利用电子技术来实现数据的寻址和读写，大大提高了内存的速度。当集成电路发明之后，计算机的体积越来越小，王安的磁芯存储矩阵也显得太大，存储密度也不够，于是运用集成电路技术设计的新的半导体存储器应运而生。

集成电路的集成度越来越高，其中每个元件的尺寸越来越小，按照所谓摩尔定律，每一年半集成度提高一倍。一旦芯片上线条的宽度达到纳米（10^{-9}米）数量级时，相当于只有几个分子的大小，进入量子力学规律起作用的尺度，工程师特别是物理学家就要开展量子计算机的研究。

十三、仿生学发明选题

仿生学是指人类模仿生物功能，是向生物界索取灵感，来发明技术结构的创造学分支。这条路大大开阔了人类的技术眼界。

飞机的发明，最初的想法也可以说是仿生学的结果。看到鸟儿展开双翅翱翔天空，人们在羡慕之余，想到了翅膀的作用，分析它的横截面形状，探讨它产生升力的原理等。于是经历了 100 多年几代发明家前仆后继的研究，终于在 1903 年由莱特兄弟最后完成了可以安全飞行的有动力的飞机。

流线型外形设计，也是仿生学的范例。19 世纪与 20 世纪之交，人们逐渐认识到大海中游泳的海豚和小鱼、天空中自由飞翔的小鸟，以及下落的水滴的形状，都具有阻力小的特点，这个形状被称为流线型（图 2.21）。于是流线型被逐渐引入了运输工具的外形设计，如潜艇、飞艇、飞机、汽车、高速火车等，既提高了速度，又节省了燃料，而且显得很时尚。

图 2.21　海豚的流线型外形

神经网络计算机，是模仿人的大脑判断能力和适应能力，并具有可并行处理多种数据功能的第六代计算机。它可以判断对象的性质与状态，并能采取相应的行动，而且它可同时并行处理实时变化的大量数据，并引出结论。以往的信息处理系统只能处理条理清晰、经络分明的数据。而人的大脑却具有能处理支离破碎、含糊不清信息的灵活性，第六代电子计算机将具有类似人脑的智慧和灵活性。

爬行机器人，是模仿节肢动物、爬行动物等生物的爬行功能，开发出来的一些具有特殊爬行能力的机器。譬如，具有强大越野能力的战斗机器人，可以给高楼清洁玻璃的蜘蛛机器人，可以穿过管道用以检查设备的管道机器人，甚至是用来侦查敌方情况的可以飞行的蜻蜓机器人。

曾经风靡一时的所谓"鲨鱼皮泳衣"，是一款模仿鲨鱼皮肤表面的特殊构造而研制的高科技产品。生物学家发现，鲨鱼皮肤表面粗糙的 V 形皱褶可以大大减少水流的摩擦力，使身体周围的水流更高效地流过，鲨鱼得以快速游动。受这个发现的启发，澳大利亚的 Speedo 公司推出模仿鲨鱼皮的高科技泳衣，在 2000 年悉尼奥运会上大获成功，澳洲本土运动员索普穿着鲨鱼皮泳衣一举夺得 3 枚金牌，使得鲨鱼皮泳衣名震泳界。虽然这种泳衣到 2010 年被国际奥委会所禁止，但从技术上讲，也不失为仿生学一个成功的范例。

一般认为，在仿生学研究中存在下列三个相关的阶段：生物原型分析研究、功能模型的建立和实际模型的实现。所谓生物原型是指被模仿、被研究的生物整体或局部器官组织；功能模型是指从生物原型中分析抽象出来的关键性功能关系，如信息采集、处理、判断，还包括它的数学模型；实际模型是按照功能模型使用现有技术实现的真实模型，包括软硬件部分。前者是基础，后者是目的，而功能模型则是两者之间必不可少的桥梁。

由于生物系统的复杂性，搞清某种生物系统的机制需要相当长的研究周期，而且解决实际问题需要多学科长时间的密切协作，这是限制仿生学发展速度的主要原因。

十四、广义发明选题

除了可以看得见、摸得着的物质性发明之外，还有一种很重要的制度上的发明，使得原来不能做的事能做了，原来有风险的事有保障了，原来不方便的事顺利了，如银行业、保险业、股份制、超级市场等的产生，这就是广义发明。广义发明实际上可以细化到服务中的每一个环节，如技术层面的发明、商业模式的发明、管理模式和理念的发明等。因此广义发明是企业领导者特别需要的创造模式。

所以广义发明，不一定必须是工程技术人员来做，经济、财贸、管理等方面的人员也是有机会提出并完成的。而且后者可能还更加有优势，因为他们更了解其中的规则和潜在的需要。当然，制度改革之后，相应的软硬件发明也要跟上来。譬如，超级市场建立后，各种收银机、货架、购物车、联网管理系统都应运而生了。

银行。16世纪，欧洲一些平民通过经商致富，成为了有钱的商人。他们的黄金需要安全的保存，一些金匠于是为他们保管并开具凭证。很快商人和金匠都发现，这些凭证竟然可以作为货币使用，可以流通、支付、汇兑，大大地方便了商人们的经营活动，金匠们也可以从中提取部分利益。一些头脑灵活的金匠们于是专门做起了这种货币生意，逐渐发展成了现在的银行。一般认为最早的银行是意大利1587年在威尼斯成立的银行。

图 2.22 是中国人民银行总行。

图 2.22　中国人民银行

　　保险公司（图 2.23）。保险是一种分散风险的机制。中国是最早发明风险分散这一保险基本原理的国家，中国古代商人即将风险分散原理运用在货物运输中，委托镖局押镖便是分散风险的一种形式。仓储制度也是我国古代原始保险的一个重要形式，丰年多储粮，荒年发救济。16 世纪在欧洲最早是航海活动中为了保证货物安全成立的互助协会，大家各自出钱，负责所有物品的损失。

　　股份制。15～16 世纪初，由于地理大发现，新航路的开辟，欧洲一些国家向海外发展，需要进行远航贸易，需要较大数额的资本，在当时的经济条件下，靠单个资本家来经营是无法办到的，于是将分散资本集中使用的股份制便应运而生了。1554 年英国成立了第一个以入股形式进行海外贸易的特许公司"莫斯科公司"，它的成立标志真正的股份制度的产生。1694 年成立了资本主义最早的股份银行——英格兰银行。图 2.24 是纽约证券交易所。

图 2.23　中国太平洋保险公司

图 2.24　纽约证券交易所

　　超级市场。1930 年，美国人库仑开办的世界第一个 KING KULLEN（库仑王国）超级市场在纽约成立。他设计了低价策略，平均毛利率只有 9%

（当时美国一般商店毛利率为 25%～40%）。迈克尔·库仑以连锁的方式开设分号，建立起保证低价大量进货的销售系统。他还首创了自助式销售方式，采取一次性集中结算，降低了人工成本，也大大方便了顾客（图 2.25）。

图 2.25　超级市场卖场

现在风靡世界的电子商务业态，也可以说是一种广义发明（图 2.26）。随着互联网技术的不断发展，人们开始利用其作为商业的工具。最早从 20 世纪 90 年代起，人们就发现刚刚出现的电子邮件，可以作为商业广告、贸易文书往来，甚至作为协议来使用。1995 年 IBM 公司最早提出了电子商务的概念，以 Web 技术为代表的信息发布系统，爆炸式地成长起来，成为中小企业推销自己商品最早的电子商务。经过几个发展阶段，至今已有"企业对企业"的 B2B、"企业对消费者"的所谓 B2C、"个人对消费者"的 C2C 等常见形式，还有所谓"线上订购、线下消费"（Online to Offline）的 O2O 更加迎合消费者心理的模式等。

图 2.26　方便快捷的网上购物

第三章　基于客观规律的发明思路

如前所述，在一些人的意识中，往往认为科学家只是搞科研的，或者只是搞理论的，甚至有人认为他们是在搞所谓"纯理论"。那么我们先提一个问题，科学家也可以搞发明吗？我们说答案是肯定的。因为科学家对于科学规律很了解，他们有很好的条件利用科学规律来做发明，这就是基于科学规律应用的发明。

科学规律，就是客观规律，是技术发明的根据，也是技术发明的源泉。任何技术发明，都要遵循科学规律，更要利用科学规律。任何技术发明，归根到底，都是基于科学规律。因此我们说，基础科学的每一个发现总有它的应用潜力。

自 19 世纪以来，随着自然科学获得了长足的发展，许多基于自然科学的技术发明也涌现出来。例如，法拉第根据奥斯特的电流磁效应，发明了世界上第一台电动机。他还根据他自己发现的电磁感应现象，发明了世界上第一台发电机。到现代，越来越多的一流自然科学家，甚至包括顶级的科学家，会在适当的时候，把握时机，自觉地进入和扮演发明家的角色，基于自然科学发现的客观规律，进行技术发明。这方面有许多典型的例证，如电机、核能技术和激光技术的发明。

基于科学规律应用的发明，从历史上已有的实践经验看，其思路大体是如下的三部曲：

（1）对于一个人类已经认识到的科学规律，特别是新发现的科学规律，我们要尽量多想一想，它有什么效应，这个效应又有什么可能的应用。我们称之为"效应潜力挖掘"。

（2）确定了应用的方向之后，就要进一步想一想如何来实现，需要什么条件来产生这个效应，从而形成有用的效果。我们称之为"条件实现"。

（3）如果这个效应还不够强，还要想一想用什么办法，如何增强这个效应。我们称之为"效应增强"。

这里所说的"效应潜力挖掘""条件实现"和"效应增强"不是互相独立、互相无关的，而是前后相互紧密联系的三个台阶。

历史证明，无论是科学家，还是工程技术人员，根据科学规律搞出来的发明，往往是原创性的大发明。因此，我们强烈呼吁，希望我国有更多的科学家以更大的注意力投入到技术发明的领域；当然也希望更多的工程技术人员参与到这个伟大潮流中来；同时也希望有关科技政策制定者、管理者将更多的政策倾向给予基于科学规律的发明。

一、电动机和发电机的发明

众所周知，英国物理学家法拉第是 19 世纪英国赫赫有名的伟大科学家，在电磁学史上，他有许多基础性的重大理论贡献。但令许多人想不到的是，他不仅在理论上有彪炳史册的成就，而且"客串"了两回发明家。法拉第有两项非常了不起的重大发明，即世界上第一台电动机和世界上第一台发电机。可以毫不夸张地说，这是我们今天所享受的电气化时代的最早开端。

从创造学的角度看，这非常值得我们去认真研究。我们下面从法拉第发明电动机和发电机的过程，分析他的真实发明过程，总结相应的创造学规律。

首先看看电动机的发明。

1820 年 4 月的一天晚上，丹麦物理学家奥斯特在一次讲课时，突然灵机一动，他在讲课临近结束时说："让我把通电导线与磁针平行放置来试试看!"于是,他在一个小伽伐尼电池的两极之间接上一根很细的铂丝,在铂丝正下方与铂丝平行放置一枚磁针,然后接通电源,小磁针微微地一动,立刻转到与铂丝垂直的方向。小磁针的摆动,对听课的听众来说并没什么,但对奥斯特来说实在太重要了,多年来盼望出现的现象终于看到了,当时简直使他愣住,他又改变电流方向,发现小磁针向相反方向偏转,说明电流方向与磁针的转动之间有某种联系(图 3.1)。就这样,奥斯特发现了电流的磁效应。随后,人们又据此建立了毕奥—萨伐尔—拉普拉斯定律和安培定律。

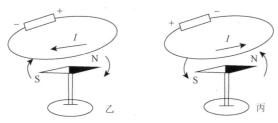

图 3.1 电流对磁极的横向作用力

这些激动人心的科学进展,使得思想敏锐的法拉第,由此前主要作电化学实验研究,转而进入电磁学的研究领域。

1821 年 9 月,法拉第重复了奥斯特的实验,从磁针在电流旁边会受力矩发生转动的现象,他分析出电流应该对磁极有横向作用力,使之有绕电流做圆周运动的倾向。可贵的是,对于这个效应,法拉第想到了如何利用它。他设计制造了一个磁棒绕通电导线旋转和通电导线绕磁棒旋转的对称实验装置,见图 3.2。图中,左边的导线固定,当导线与水银接触而有电流通过时,导线周围产生了环形磁场,使得磁铁的一个活动磁极绕导线不停转动;右边的磁铁固定在水银槽里,当活动导线接触水银表面而有电流通过时,因为反作用,使得导线也能不停地转动起来。

法拉第的这个"电磁旋转"实验,实现了电能向机械能的转化,同时也实现了连续的转动,成为人类历史上第一台电动机。此后的各类直流电动机,虽然在结构上有了很大的变化,但原理却没有本质区别。

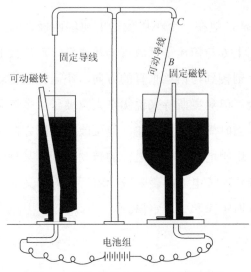

图 3.2　法拉第的电磁旋转装置示意图

特别值得一提的是，法拉第的这个电磁旋转装置，客观上还是物理学史上的第一次磁单极实验。因为不像正负电荷可以分离，磁针的南北磁极是不可分的。法拉第巧妙地把其中一个磁极固定，另一个磁极就成为磁单极了！

我们对这个案例作如下分析：

首先是奥斯特发现电流磁效应，法拉第重复了奥斯特的实验，发现电流对磁极有横向作用力，使得磁极有绕电流做圆周运动的倾向。正是电流的这个效应，使得法拉第想到去挖掘它的潜力，实现了这个电能变机械能的旋转装置，发明了世界上第一台电动机。我们把他的这个创造思路称作"效应潜力挖掘"。

为了实现这个效应，建立一个电磁旋转装置，需要一定的条件，既要有形成电流的回路，又要可以旋转的导体和磁棒，法拉第采用了如图 3.2 所示的水银杯和悬挂结构去实现这个条件。这是"条件的实现"创造思路。

在后来的年月里，电动机在各个方面获得了巨大改进。例如，工程师们用电磁铁代替永久磁铁，这样就获得了更加强大的磁场；用多匝线圈代替单根导线，可以得到更大的力矩；等等。虽然这些已经不是法拉第的工作，但这个思路一脉相承，我们统称之为"效应增强"。

再来看看发电机的发明。

1831 年，经过了将近 10 年的艰苦探索，法拉第终于发现了变化磁场能够在封闭电路中产生电动势，就是著名的电磁感应现象。他当时总结出在五种情况下，导体中会产生感应电流，即变化的电流、变化的磁场、运动的恒定电流、运动的磁铁、在磁场中运动的导体等，都会在导体中产生感应电流。

根据"在磁场中运动的导体，会在导体中产生感应电流"的效应，法拉第用一个可转动的金属圆盘置于磁铁的磁场中，并用电流表测量圆盘边沿（A）和轴心（O）之间的电流（图 3.3）。实验表明，当圆盘旋转时，电流表发生了偏转，证实回路中出现了电流。也就是说这个装置实现了机械能转变为电能的功效，这就是历史上第一台发电机。

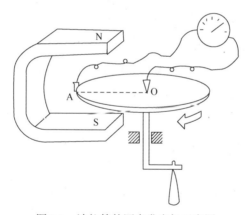

图 3.3　法拉第的圆盘发电机示意图

需要说明的是，法拉第的圆盘发电实验装置，需要用到电流计，而欧姆在 1825 年已经发明了电流计。欧姆把奥斯特关于电流磁效应的发现和库仑扭秤结合起来，巧妙地设计了一个电流扭秤，用一根扭丝悬挂一磁针，让通电导线和磁针都沿子午线方向平行放置，当有电流通过导线时，磁针就会偏转，转动的角度跟电流的大小有关。这就是最早的电流计。注意，他也是利用了奥斯特的电流磁效应。

案例分析：

法拉第发现了电磁感应定律，指出变化磁场会产生感应电动势。作为定律的发现者，法拉第非常敏感地意识到，这个效应具有开发成发电机的潜力，因为电动势是电源的基本因素，所以这体现了"效应潜力挖掘"的创造思路。

法拉第之所以把发电机设计成旋转圆盘的形式，是因为电磁感应实验的第五种情况显示，在磁场中运动的导体能够产生电流，所以旋转运动的金属圆盘内应该有感应电流，只要用两个电极把电流取出来就行了。这就是"条件的实现"创造思路。

后来的发电机，被其他人作了许多改进，将金属圆盘改为线圈，水平磁铁改为转动电枢，励磁方式改为混激式、自激式和自馈式等。在电动机和发电机后来的改进过程中，都使用了多匝线圈，这个技术改进增加了"磁链数"，使得电流的磁效应和电磁感应的效应大大增强。此外，在电磁铁里普遍采用软铁芯，使得磁场强度极大增强。我们把这种利用某种结构、某种材料来增强效应的方法，称作"效应增强"。

最后，我们来思考一个问题：

法拉第总结能够产生感应电流的五种情况，其他四种是否也可用来发电呢？怎样实现呢？

二、核能技术的发明

自从 1945 年二战末期美国在广岛和长崎爆炸了两颗原子弹，"原子能"这个概念就在世人的头脑中扎下了根。所谓原子能就是指核能，核能的开发利用是 20 世纪最重要的技术成果之一，对社会、政治、经济和军事影响最大的事件之一，也是基础科学成果转化成生产力的典范，还是一场物理学家亲自扮演发明家的历史大戏。它的发明过程给了我们很多的启示。本节我们回顾分析核能发现、开发利用的过程，分析它的创造学启示。

1905 年，爱因斯坦发表了狭义相对论，其中提出了著名的质能关系 $E=mc^2$。也就是说，质量为 m 的物体，其内部所蕴含的全部能量 E 为 mc^2。光速 c 是一个极大的数字，再平方一下就更加巨大。1 克的物质所对应的能量是 9×10^{13} 焦耳。这意味着物质中蕴含着巨大无比的能量，如何把它开发出来、释放这个巨大能量，是极其诱人的目标，引起物理学家的巨大关注。但是怎样利用这个巨大的能量，当时包括爱因斯坦在内，没有人知道。

1938 年年底，德国的哈恩、斯特拉斯曼实现了重核裂变，迈特纳和弗利什解释了哈恩的试验（图 3.4），并通过计算，从中发现裂变后的产物有"质量亏损"。所谓质量亏损是指在重核裂变过程中，裂变后的粒子的总静质量，比裂变前粒子的总静质量要少一些。这就意味着，有一部分实物粒子的质量携带对应的能量释放出去了！一个铀 235 核可以吸收一个中子裂变为两个较轻的核（钡 144 和氪89），同时通过相应的质量亏损释放200 兆电子伏能量。重核裂变的这

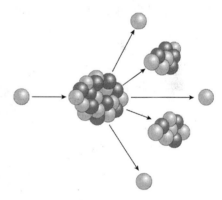

图 3.4　重核裂变示意图

个"质量亏损"效应，第一次向人们展示了释放物质中巨大能量的可能方式。

1939 年，在华盛顿举行的国际理论物理会议上，刚从哥本哈根来的玻尔宣布了哈恩、斯特拉斯曼的核裂变试验，以及迈特纳和弗利什的理论解释，引起与会的世界著名物理学家的高度关注和热烈讨论。大会沸腾了，与会的国际著名物理学家们都激动不已，连大会原定的主题都临时被改变了。意大利著名物理学家费米建议立即用物理实验方法验证。参加会议的

各国物理学家立即指示各自的实验室连夜验证核裂变现象，包括卡乃奇大学、哥伦比亚大学和霍普金斯大学在内的几个著名实验室都获得了肯定的结果，核裂变的发现几个小时内就得到世界公认。

费米提出有可能通过"链式反应"实现核能的大量释放，前提是，一个重核吸收一个中子发生裂变之后，如果能放出一个以上中子，因为这个放出的中子可以再次引起一次重核裂变，如此下去，就可以维持裂变过程不断进行下去，从而放出大量能量。这就是所谓链式反应（图 3.5）。在接下来的一个月里，在法国的约里奥-居里、苏联的库尔恰托夫、美国的费米小组以及匈牙利物理学家西拉德，都报告测到了裂变的次级中子，平均为2.5 个。也就是说，一个重核吸收一个中子发生裂变之后平均可以放出 2.5个中子。他们不仅证实了链式反应是可能的，而且发现反应速率极高，两次反应之间的间隔只有五十亿分之一秒！

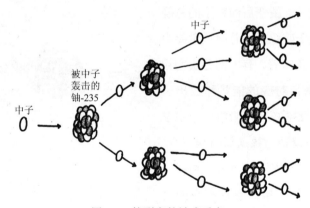

图 3.5　核裂变的链式反应

匈牙利物理学家西拉德第一个意识到它的可怕后果！他清楚地构想出一个应该称作"核弹"的东西有着骇人的破坏力。在西拉德的鼓动下，1939年 8 月 2 日，爱因斯坦向当时的美国总统罗斯福上书建议应该抢在德国之前实现核武器。这就促成了 1939 年 10 月总统铀顾问委员会的成立，以及1942 年 8 月美国动用了十几万名物理学家和工程技术人员的核武器研制计划——曼哈顿工程的正式启动。

　　曼哈顿计划的第一个预研项目，是由当时流亡美国的意大利物理学家费米领导的核反应堆研制计划。费米是当时世界上主要的中子权威，且集理论与实验天才于一身，所以众望所归地被选为世界第一台核反应堆攻关小组组长。其任务是验证核裂变的链式反应原理所需参数，并验证超铀元素钚的产生规律，为下一步建造原子弹做好准备。这个核反应堆用石墨作为中子的慢化剂，利用费米自己发现的慢中子效应，使核保持对中子较高的俘获率，维持核裂变的持续进行；反应堆又使用镉作为中子的吸收剂，适当控制其反应水平，维持输出功率，保证安全。

　　这个反应堆建立在芝加哥大学斯塔格运动场的西看台下，是由石墨层和铀层相间堆砌，共计 57 层，堆高 6 米，呈扁球形。堆的中间有许多小孔，内插镉棒，调节镉棒的深度，可以减缓或中止链式反应，达到控制反应速率的目的。1942 年 12 月 2 日，在费米的指挥下，镉棒被一根接一根抽出来，随着探测器的滴答声渐渐加强，堆中发生铀核裂变的数目不断增加。下午 3 点 45 分，当最后一根镉棒被抽出时，铀的裂变链式反应进入自持状态。这一刻便以人类掌握核能的里程碑而载入史册。当天反应堆功率达到 0.5 瓦，10 天以后达到 200 瓦。人类首次完成自持链式反应的实验，并因而开始了可控的核能释放。完全可以说，是物理学家费米领导发明了核反应堆。他最先对有关基础理论作出了重大的贡献，随后又亲自指挥了第一座核反应堆的设计和建造（图 3.6）。当然，这里也汇聚了大批物理学家和工程师的智慧。

图 3.6　世界第一座核反应堆

曼哈顿计划的最终目标是研发原子弹，即核裂变的核弹。由美国物理学家奥本海默教授领导，于 1944 年获得成功。二战后，美国继续研发威力更加巨大的、基于核聚变原理的氢弹，在物理学家特勒的领导下，于 1952年试爆成功。关于这方面的内容，不是本书的话题，我们就不再讨论了。

案例分析：

狭义相对论的质能关系 $E=mc^2$，意味着物质中蕴含着巨大无比的能量。质能关系这种效应的潜力，引起物理学家的高度关注，开发这个能量成为物理学家的目标和理想。直到铀核裂变的实现，发现质量亏损现象，对应着一份能量的放出，人们终于想到这是释放物质中巨大能量的一个可能的途径。这是物理学家对质能关系和核裂变质量亏损两个物理规律的效应潜力的挖掘，就是"效应潜力挖掘"。

实现任何物理过程都需要一定条件。为了实现核裂变释放巨大的物质能量，首先需要提供轰击铀核的中子。这个并不难，只要一个中子源即可（如同位素中子源）。但光是靠实现一个或少数几个铀核裂变是远远不够的。要想把大批铀核裂变的能量释放出来，一个最可能的方式就是链式反应。链式反应的条件是：一个铀核裂变吸收了一个中子则必须同时产生一个以上的中子，这样才能维持链式反应的持续进行。于是物理学家们展开了试验研究，很快证实一个铀核裂变平均可以产生 2.5 个中子，这就满足了链式反应所需的基本条件。根据慢中子效应，物理学家们在反应堆里采用了石墨作为中子慢化剂，提高了铀核俘获中子的概率，又在反应堆里使用了镉棒作为中子吸收剂，使得反应堆可以平稳、安全地运行等，物理学家的这些设计和措施，就是为了从各方面满足这些物理规律所要求的条件，可以说都是遵循了"条件的实现"的思路。

特别值得一提的是，这些措施中链式反应是关键的。仅仅实现一个或少数几个铀核裂变，理论上说也是开发利用了核能，但那没有技术上的意义。为了获得技术上可观的能量，必须实现大批铀核的裂变。因此物理学家们采用了链式反应的原理，使得核裂变可以自动地连续进行。链式反应可以认为是一种正反馈过程，如果对反应不加控制，核裂变也可以按几何级数式地激烈增长，形成威力巨大的核爆炸。如果采用中子吸收剂，链式反应就能平稳、可控地进行。因此链式反应的方案也可视为一种"效应增强"。

与 19 世纪的法拉第仅凭个人能力就能发明电动机和发电机相比，核能技术的开发具有大科学的显著特征。以核反应堆而言，它依据的原理和现象是一大批，而不是一两个。卷入的科学家和科研机构也是一大批。使用的经费和资源也是举国所能，绝对不是个人、甚至也不是几个研究机构所能承受的。但是对于每一个参与其中的科学家个人来说，思维方式仍旧是相似的。

三、激光技术的发明

神奇的激光，以其光束的高度平行性、颜色的高度单色性、比太阳表面还要强的亮度，以及高度的相干性，给人留下极其深刻的印象。

激光器的发明，是 20 世纪科技史上最重要、影响最深远的事件之一，是基础科学成果转化成生产力的典范，也是一场物理学家亲自扮演发明家的历史大戏。为了发明激光器，物理学家经历了大约 40 年的艰苦探索，最后才获得了成功。本章扼要地叙述物理学家发明激光器的过程和思路，分析其在创造学上的启示。

令人不可思议的是，激光的发明，也是源自于爱因斯坦的一个理论。

1917 年，爱因斯坦为解释黑体辐射定律，研究黑体辐射是怎样达到热平衡时，发现仅凭当时已知的自发辐射和受激吸收是不够的。为了使黑体辐射能够达到热平衡，他提出受激辐射的假说。所谓受激辐射，就是一个入射光子，经过一个原子，当入射光子的频率跟原子的两个能级差之间，满足玻尔跃迁假设的关系，这个原子就会从一个高能级受激跃迁到一个低能级，同时发出一个光子，它跟原来那个激发它的入射光子具有完全相同的频率、方向、偏振和相位，二者是相干的光子。

依据受激辐射理论，一个光子，可以引发一个相干光子，一个变两个。那么，只要条件合适，就可以从两个变 4 个，4 个再变 8 个，……如此变下去，不就实现光放大了吗！于是人们意识到，受激辐射的效应，利用这种正反馈的方法，具有"光放大"的极大潜力。

不过，具体如何实现这种光放大？那时没有人知道，这就放下来了。

但是物理学并没有停止其自身发展的脚步。

1923 年，德布罗意提出了物质波的概念，即实物粒子具有波粒二象性。

1925～1926 年，海森伯、玻恩、约旦建立了矩阵力学。

1926 年，薛定谔提出薛定谔方程，建立了波动力学，统一的量子力学诞生。

1928 年，布洛赫利用量子力学研究了固体周期势中的自由电子的传播，提出了能带论，开创了固体物理的新时代。

1931 年，威尔逊用能带轮解释了绝缘体、导体的区别，从而奠定了半导体物理的基础。到 20 世纪 40 年代末期，固体物理学（包括半导体物理学）获得了激动人心长足的发展。

总之，经过 20 世纪 20～40 年代，量子力学和固体物理学相继产生并获得了长足发展，而光放大这个话题却被搁置一边。

现在回过头来看，为什么从 1917 年爱因斯坦提出受激辐射，到 20 世纪 50～60 年代实现微波受激辐射和光受激辐射，其中约有 40 年空白的原因。作者认为可能有三个重要原因。其一是开始时还没有量子力学和固体物理学，人们对物质的能级结构没有系统概念，不太可能为光放大设计出合适的机构；其二是后来量子力学以及固体物理学激动人心地迅速发展，却吸引住了大批优秀物理学家的注意力；其三是后来发生了二战，大批物理学家又卷入了战争，进行雷达技术的研究，特别是参与了研制核武器的曼哈顿计划。虽然 1940 年前后，就有人在研究气体放电实验中，观察到粒子数反转现象，按当时的实验技术基础，就具备建立某种类型的激光器的条件，是战争拴住了大批优秀的物理学家，无暇顾及这个光放大的设想。而爱因斯坦本人，当时则沉浸在他的统一场论的宏伟研究中。

二战结束后，实现受激辐射的条件基本上具备了。量子力学、固体物理学（包括半导体物理学）已经成熟，大批物理学家从军事部门回到大学等民间学术机构，一些人在战争期间因为研制雷达而在微波波谱学方面有着丰富的科研积累，成为受激辐射研究的主力。

其中，美国物理学家汤斯是一个关键人物。二战中，他在贝尔实验室从事雷达研究，并成为微波波谱学方面的专家。二战结束后的 1948 年，他进入哥伦比亚大学任教。因为雷达技术涉及微波的发射和接收，汤斯一直希望找到一种能产生高强度毫米波的器件。而用传统器件因为尺寸太小而非常困难，他想到利用微波和分子之间的相互作用，特别是利用受激辐射效应来实现。

汤斯选择氨分子作为激活介质。这是因为他从理论上预见到，氨分子的锥形结构中有一对能级可以实现受激辐射，根据玻尔的跃迁公式，其跃迁频率为 23870 兆赫，这正是在毫米波范围内。氨分子还有一个特性，就是在电场作用下，不同能级的氨分子可以感应出不同的电偶极矩。如果采用不均匀电场，不同能级的氨分子就可以被分离，容易形成粒子数反转。而且，氨的分子光谱早在 1934 年就有人用微波方法作过透彻研究，1946 年又有人对其精细结构作了观察，这都为汤斯的工作奠定了基础。

当时人们已经认识到，粒子数反转是放大的必要条件。1951 年，哈佛大学的珀塞尔和庞德用核磁共振法获得了"粒子数反转"，粒子数反转使气体受到激发，产生大量的受激微波辐射，为激光的诞生创造了条件。但他们的信号还是太弱，人们无法实际利用。

所谓"粒子数反转"，是指工作物质中有更多的粒子处在较高的能态上，使得它们有可能产生雪崩式的向下跃迁，产生强烈的光发射。

汤斯感到，并不是不能实现粒子数反转，而是没有办法进一步放大。

他一直在苦思这个问题。因为汤斯很熟悉微波工程，他首先想到了谐振腔。他设想，如果将工作介质置于谐振腔内，使辐射反复振荡，利用受激辐射的正反馈作用，也许可以放大。

图 3.7　汤斯和他的微波激射器

汤斯小组历经两年的试验，终于在 1953 年制成了第一台用氨分子作介质的微波激射器，取名为"微波激射放大器"（Microwave Amplification by Stimulated Emission of Radiation，MASER，简称微波激射器）（图 3.7）。

到了 1958 年，汤斯和肖洛发表了著名论文《红外与光学激射器》，指出了实现光受激辐射的可能性，以及必要条件也是实现"粒子数反转"。他们的论文使在光学领域工作的物理学家马上兴奋起来，纷纷提出各种实现粒子数反转的实验方案，从此开辟了崭新的激光研究领域。同年苏联科学家巴索夫和普罗霍罗夫发表了《实现三能级粒子数反转和半导体激光器建议》论文。

在研究激光器的过程中，应把引进光学谐振腔的功劳归于肖洛。汤斯原先设计的封闭型谐振腔振动模式太复杂。而肖洛长期从事光谱学研究，熟悉各种干涉仪。他设计的开放式谐振腔结构，振动模式比较简单，就是从法布里-珀罗干涉仪那里得到启示的。正如肖洛自己所说："我开始考虑光谐振器时，从两面彼此相向镜面的法布里-珀罗干涉仪结构着手研究，是很自然的。"

在 1959 年 9 月召开的第一次国际量子电子会议上，肖洛提出了用红宝石作为激光的工作物质。不久，肖洛又具体地描述了激光器的结构："固体微波激射器的结构较为简单，实质上，它有一棒（红宝石），它的一端可

作全反射，另一端几乎全反射，侧面作光抽运。"（图 3.8）

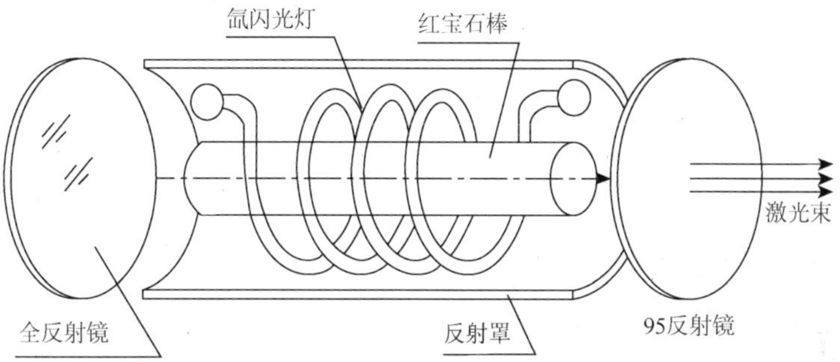

图 3.8 红宝石激光器原理图

遗憾的是，肖洛没有及时得到足够的光能量使粒子数反转。因为肖洛关于红宝石激光器的设计已经公之于世，这个转瞬即逝的历史机遇戏剧性地被别人抓走了，休斯公司的青年物理学家梅曼按照肖洛的设计方案，巧妙地利用强大的闪光氙灯作光抽运，激发了红宝石分子，从而获得粒子数反转，抢先获得了成功。1960 年 6 月，在罗切斯特大学召开了一个有关光的相干性的会议，在会议上，梅曼成功地操作演示了一台用红宝石制成的激光器。7 月份，梅曼的激光器被公布于众。世界上第一台激光器宣告诞生。

1964 年诺贝尔物理学奖一半授予汤斯，另一半授予苏联科学院列别捷夫物理研究所的巴索夫和普罗霍罗夫，以表彰他们从事量子电子学方面的基础工作，这些工作导致了基于微波激射器和激光原理制成的振荡器和放大器。梅曼也获得了两次诺贝尔物理学奖提名，并获得了物理学领域著名的日本奖和沃尔夫奖。肖洛则因为激光光谱学方面的卓越成就而获得了1981 年诺贝尔物理学奖。

案例分析：

基础科学的每一个发现总有它的应用潜力。如前述，依据受激辐射理论，一个光子，可以引发一个相干光子，一个变两个。那么，只要条件合适，就可以从两个变 4 个，4 个再变 8 个，……如此变下去，不就实现了光放大了吗！于是人们认识到，爱因斯坦提出的受激辐射理论，具有光放大的潜力。这就是对受激辐射理论"效应潜力"的挖掘。

当时人们已经认识到，粒子数反转是放大的必要条件。为了实现这个条件，汤斯采用氨分子。这是因为汤斯对氨分子的特性很了解，而且之前已有人用微波的方法对氨分子的光谱作了深入研究，其精细结构也被观察。为了加强微波的放大，汤斯想到了加谐振腔。这是因为汤斯有微波研究的背景和经验，而在传统微波线路中，谐振腔是主要器件之一。在后来的红外及可见光波段的受激放大中，汤斯设计的封闭型谐振腔因为模式太复杂不好用。光学家肖洛熟悉光学仪器，就把它改用法布里-珀罗于涉仪代替，获得了成功。知识面和经验决定了发明家的选择。前述汤斯采用氨分子来实现粒子数反转和微波激射器采用谐振腔，以及激光射器采用法布里-珀罗于涉仪作谐振腔等，都是"条件实现"思路的体现。

微波激射器的谐振腔和激光射器的光学谐振腔，使辐射在其中反复震荡，利用受激辐射的正反馈作用使得微波和光波极大地增强，也可以看作"效应增强"思路的使用。

激光器的发明，综合了受激辐射理论、粒子数反转、气体固体能级结构、谐振腔等基本理论。没有这些基础科学的积累，就不可能有激光器的发明。说明基础科学的研究和积累，对形成一个国家创造力的极端重要性。另外，激光器的发明，显然需要高深的物理学知识和物理实验能力，从爱因斯坦高瞻远瞩的受激辐射理论，到汤斯、肖洛等对气体、固体能级的理解，以及他们的实验方案设计，都不可能有局外人参与，跟前述核能技术的开发一样，也是一场责无旁贷地、由物理学家亲自扮演发明家的历史大戏。这对中国的物理学家和科学家也应该是一个启示。

四、特殊现象引起的发明

发明需要灵感，灵感是发明的前提。前面三节讲的是基于科学规律应用的发明思路，也就是说，一个科学规律可以提示人们发明的灵感。而本节则是基于特殊现象应用的发明思路，由一个特殊现象也可以提示发明的灵感。这里所说的特殊现象也是一种客观规律，但不是指基本规律。基本规律在一定范围内具有普适性，而特殊现象是指只有在一定特殊条件下才会出现的现象。在人类发明史上，众多发明家利用这种基于特殊现象应用的思路，产生了非凡的灵感，作出了许多重要发明。

下面我们举一些发明史上著名的案例，来说明发明家是怎样利用特殊现象的思路来进行发明的。

时间在不断地流逝，当它从你身边流走的时候，你可曾感到它的存在呢？当你想要抓住它的时候，人们就开始创造可以表示时间的仪器。我们现在到处可见的计时装置，包括挂钟、手表、电子钟等，原来起源于几百年前的一个偶然发现。1581年，有一次17岁的伽利略在比萨教堂做礼拜，他无意中观察到，可能是有风的原因，悬在天花板上的挂灯微微摆动，伽利略利用数自己脉搏的方式来计时，发现这个挂灯的摆动在逐渐平息的过程中，每次摆动所用的时间并不改变。这一发现引起了伽利略的思考：是不是其他的摆动也跟吊灯相似，摆动一次的时间跟摆动幅度的大小没关系？吊灯的轻重又是否不影响摆动一次的时间呢？……回家后，他继续研究，发现在小摆幅的情况下，单摆周期跟摆幅无关，也跟摆锤质量无关，他总结出了单摆的等时性规律。这反映了年轻伽利略对于自然现象的敏感和高度观察力。但遗憾的是由于种种原因他自己没有能够去开发应用。后来荷兰物理学家惠更斯注意到伽利略发现的这个特殊现象，思索它的用途。最后他根据这个特殊现象所反映的规律，在1657年发明了挂摆时钟（图3.9）。

但是挂摆时钟过于笨重，放在家

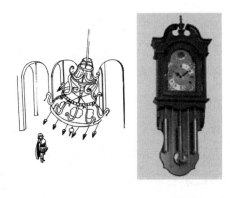

图3.9 吊灯的摆动等时性和挂钟

里还行，但不方便携带。后来，1660 年，对弹性定律研究有卓著贡献的英国物理学家胡克，发现游丝摆轮机构也具有相同的振动周期，而跟摆幅无关。于是人们就根据这个现象发明了可以方便随身携带的怀表和手表，这类钟表，精度高的可以做到大约每年只有 1 分钟的误差。再后来，利用石英晶体自振频率的稳定性，人们又发明了石英表，误差每天不大于千分之一秒。

虽然各种钟表不断进步，但人类对于精确计时的追求是永无止境的。20 世纪 30 年代，美国哥伦比亚大学实验室的拉比和他的学生在研究原子及其原子核的基本性质时，发现有两个极其靠近的能级具有非常精确的能量差，按照量子力学，这表示相应的跃迁辐射具有非常准确的频率，这意味着可以开发作为计时装置，就是所谓的原子钟（图 3.10）。原子钟的精度可以达到每 100 万年才误差 1 秒。这样精确的时钟在科研、测量、定位、控制等方面都有着极其重要的意义。

望远镜在现在得到广泛应用，从儿童玩具，科研或旅游用望远镜，到军用望远镜，再到天文望远镜，在各个领域都发挥了重要的作用。但是望远镜却是起源于荷兰一个眼镜工

图 3.10　实验室里的原子钟

匠的发明的一个新奇玩意儿，就是用两个镜片组合成一种能望见远处景物的"幻镜"。1609 年，伽利略听说后，受到很大启发，他于是根据这个现象进一步研究，仅用了 3 个月就发明出用一个凸透镜和一个凹透镜组成的天文望远镜（这就是被后人称为伽利略望远镜的仪器，见图 3.11）。伽利略用这个 32 倍的天文望远镜发现了月球表面的许多细节，如高地和环形山，还发现了木星的 4 颗卫星，甚至还有太阳黑子等，从而大大开阔了物理学家和天文学家的视野。伽利略望远镜也为后来的各种望远镜设计开辟了道路。

18世纪，天花这个可怕的瘟疫在整个欧洲蔓延着，而且还被勘探者、探险家和殖民者传播到了美洲。天花至今无药可治，得病者死亡率很高，幸免于难的也要在脸上留下疮疤，就是俗称的麻子。英国医生爱德华·琴纳（图3.12），挨家挨户统计因天花死亡人数的时候，发现差不多每家都有被天花夺去生命的人，可是当他调查到一个奶牛场时，发现了一个十分奇怪的现象：奶牛场的挤奶姑娘竟没有一个死于天花或变成麻子的。这是怎么回事啊？他进一步跟姑娘们了解到，牛也会得天花，但症状很轻，只是出现一些小脓疱，也就是牛痘。琴纳猜想，姑娘们不会得天花是否与牛有关呢？是不是因为接触了牛痘使得姑娘们获得了一种免疫力呢？经过20年的艰苦努力，1796年，琴纳终于发明了世界上第一种预防传染病的疫苗——牛痘疫苗。牛痘疫苗的发明，既制服了天花，又为战胜其他传染病开辟了免疫学的全新道路。

图3.11　伽利略望远镜

图3.12　爱德华·琴纳

不管今天医学科技有多大的进步，医生总还是随身携带着一副听诊器，用它来获得来自患者体内的信息。但听诊器的创意却是来自于一群孩子的游戏。1816年，在法国巴黎的市郊，有一群孩子正围着一堆木头在玩耍。

其中一个孩子用大铁钉在木头的一端不停地敲打，其他孩子在另一端用耳朵贴着木头听。这时，一位刚给心脏病患者看病回来的雷内克医生恰好路过这里，好奇地看着这群孩子，忍不住也凑上前去倾听。立刻，一阵阵真切清脆的敲击声传入耳朵，如果耳朵离开木头，声音就变得微弱、遥远了。医生马上想到刚才的出诊，由于那个女病人过于肥胖，传统的叩诊已无法准确听到她的脉搏，又不便直接用耳朵贴在她的胸部听诊，刚才医生感到十分为难。圆木的敲击声启发了医生，他就做了一个木管子给病人听诊（图3.13），后来用改进成喇叭形的象牙管，上面安了两根柔软的管子，这就是世界上第一个听诊器。用现在的话来说，那根管子就是声波的波导，声音沿着管子前进可以保持大部分的能量。

图3.13　最早的听诊器——木管

　　现在的人们大都享受着随身听、播放器或者手机音乐等电子录音设备带来的快乐。但你是否知道最早的记录和还原声音的设备是怎样发明的呢？据史载，1876年贝尔发明了电话，而爱迪生在进一步改进贝尔发明的电话时，偶然发现，用钢针接触送话器的膜片时，会感到钢针的振动，而且这个振动会随着声音的强弱和高低而有所变化。爱迪生灵机一动，想到："如果反过来，使短针颤动，能不能复原出声音来呢？"正是爱迪生抓住了这个特殊现象，产生了非凡的灵感。于是爱迪生设计了一个巧妙的机器，首先是录音，用薄膜截获声波的能量，用与薄膜相连的尖针在锡纸圆筒上刻出声音槽纹以存储声波信息，同时用螺旋杆使尖针在圆筒上移动，顺序排列声音的槽纹；然后是放音，用螺旋杆使尖针在圆筒上顺序寻找槽纹，再用尖针在声音槽纹中获得信息，经过尖针驱动薄膜从而放大声音，就能听到原先录入的声音！爱迪生终于在1877年发明了留声机（图3.14）。

现在各国军队使用的轻重机枪、冲锋枪、自动步枪，甚至手枪等，其退壳和上膛机构的原理都大同小异，都是源自最早的机关枪。历史上是马克沁最早发明了机枪，他的灵感来自一次偶然的发现。有一次，他在一个军队射击场用步枪射击时，由于这种步枪后坐力特别大，抵枪托的肩膀被撞得生疼。和他一

图 3.14 爱迪生和他的留声机

起打靶的士兵们因常用这种步枪，肩膀上更是青一块紫一块的。这个特殊现象使马克沁突然眼睛一亮，产生了一个了不起的灵感。他想，火药气体产生的后坐力这么大，难道不可以被利用吗？因为在当时，马克沁正在构想一种能够实施自动连续射击的枪械，但是子弹要完成开锁、退壳、送弹、重新闭锁等一系列动作，实现单管枪的自动连续射击是需要动力的，他一直苦于没有找到合适的动力来源。这真是踏破铁鞋无觅处，得来全

图 3.15 马克沁和他的机关枪

不费工夫，马克沁高兴极了。对于人们习以为常、熟视无睹的射击后坐力现象，马克沁巧妙地加以利用，于 1884 年造出了第一挺利用火药燃气为能源的机关枪——马克沁机枪（图 3.15）。马克沁机枪的出现使敌方步兵身处极端的危险之中，它极大地改变了战场样式。

现在人们大多只知道半导体器件，如半导体三极管、集成电路等，并不熟悉早期的电子器件。最早的电子器件，就是电子管，或者叫作真空管。1883 年，爱迪生在研发电灯泡的过程中，需要吹制和抽空玻璃泡，需要加热灯丝，其间，他偶然发现了电子的热发射现象，就是真空管里的金属丝

加热之后会发射电子，产生电流，被后人称为"爱迪生效应"。但令人不解的是，作为伟大发明家的他自己竟然没有想到这有什么用处，可能是爱迪生那时过于专注于发明电灯泡而无暇旁顾的缘故吧。但当时在马可尼公司工作的英国物理学家约翰·弗莱明了解到这个情况之后，坚信一定可以根据"爱迪生效应"找到某种用途，最后在1904年，他发明了电子管（即二极真空管，图3.16），可以用来检波和整流。随后1906年，美国的德福雷斯特又在弗莱明二极管的基础上加入了栅极，可以用栅极上的小电流控制阳极上的大电流，从而起到放大信号的作用，发明了三极真空管。这些成就促成了世界上第一座无线电广播电台于1921年在美国匹兹堡市建立，使无线电通信如野火春风般迅速出现在了世界各地。

图 3.16　约翰·弗莱明和他发明的二极管

最早，各国地面防空部队的典型装备之一便是听音器，它就像一副大型的听诊器，一组大型喇叭指向天空，将收集到的声音经过软管导向值班士兵的双耳，一旦有飞机临近，发动机发出的嗡嗡声便提前到达听音站。但是这样的听音器的缺点是显然的，一是搜索的距离太近，二是靠声波探测敌机反应太慢（飞机速度越快反应越慢，如果是超音速，你就会发现飞机比声音还要先到），三是不知敌机的准确方位，也不知敌机的远近。军方急于寻求改进的方案，而最终改进的方案却来自于科学家的一个偶然发现。

二战之前，英国皇家物理研究所的沃森·瓦特博士，带领一批科学家对地球大气层进行无线电科学考察。一天，沃森·瓦特在观察荧光屏上的回波图像时，突然被一串亮点吸引住了。从其亮度分析，它不可能来自大气层，而像是被某个物体反射回来的无线电波信号。又经过一系列的实验，终于发现这些亮点原来是被实验室附近的高楼反射回来的电磁波信号。沃森·瓦特由此想到"应用我们已经了解的电磁波来探测在空中飞行的飞机，这将是可能的"。这个特殊现象的发现，最终在 1934 年导致了雷达的发明（图 3.17）。

图 3.17 沃森·瓦特发明的雷达

现在的人们很幸运，得了疾病有各种药物可以使用，特别是各种抗生素，包括最早的抗生素——青霉素。青霉素的发明也是一个基于意外特殊现象发明的例子。青霉素的发现和作为抗生素药物的发明，实际上是一个很复杂的过程。简单地说，就是英国科学家亚历山大·弗莱明（图 3.18），在 1929 年作金色葡萄球菌培养实验的过程中发现的，被污染过的培养皿有真菌存在，在这些真菌的周围，金色葡萄球菌不能存活。这种现象在实验室里是常见的，别人都不注意，往往只是把被污染的培养物倒掉而已。但弗莱明却想到，这是这些菌落产生了一种他称为青霉素的物质，能够抑制金色葡萄球菌的生长。1938 年，犹太人恩斯特·钱恩在英国弗洛里的实验室工作，他们注意到弗莱明

图 3.18 亚历山大·弗莱明发现青霉素

发现的特殊现象，并共同解决了提取青霉素的困难，从而发明了抗菌药物青霉素，使得青霉素成为世界上第一种可以广泛实际使用的抗菌药物。

微波炉，虽然烹饪食品并不是最好吃的，但因为使用的方便，却早已是现代家庭厨房的标准配置。它的发明也是受启发于一个工作中发现的特殊现象。20世纪40年代，从事微波雷达工作的美国工程师斯本塞，在长期的工作中注意到一个特殊现象，就是被微波照射的物体都会发热。斯本塞萌生了发明微波炉的念头，并作了一系列实验。雷声公司受斯本塞实验的启发，决定与他一同研制能用微波热量烹饪的炉子。1947年，雷声公司推出了第一台家用微波炉，但是因为成本太高和寿命太短而不为市场所接受。后经过不断的努力，克服了这些缺点，到1967年微波炉终于取得了巨大的商业成功（图3.19）。

图3.19　斯本塞与微波炉

在刑事案件中，常常会遇到匪徒挟持人质与警方周旋的情况。挟持人质的罪犯常常会躲在一所房屋内与警察对抗，这往往会使警察陷入两难，如果不能很快制服犯罪分子，人质将越来越危险；如果硬性闯入，也可能导致罪犯立刻伤害人质。为了突破房门而又不使人犯有时间、有机会伤害人质，有的国家警察发明了一种震荡弹来突击房门。震荡弹的原理是这样的：我们大都有过这样的体会，当我们受到巨大声响的震动后10秒左右的时间内，会暂时失去听觉、知觉，头脑是一片空白，不会思考问题，不知道怎样行动。这是一种特殊现象，利用这个现象，警察发明了震荡弹（图3.20），用它在屋外制造一个爆炸，主要是产生一个巨大爆炸声浪去震撼犯人（而不会实质性地伤害到人质）。警察

图3.20　震荡手雷

则使用厚厚的头盔和耳塞保护自己，利用犯人头脑的空白期，警察破门而入，制服犯人，从而顺利营救人质。

现在很常见的尼龙粘扣，实际上是一种尼龙刺粘扣，两面一碰即黏合，一扯即可分开，使用非常方便。它的发现过程非常巧合，也是由于一个特殊现象。有个叫乔治的瑞士年轻人，一度非常烦恼于一种会粘在他的狗和夹克上的植物。经过仔细观察他发现这种植物的表面布满了丝绒结构的钩子，这些钩子牢牢勾住一切有纤维的物体，并且在多次扯开后依然保持一定的黏性。于是他受到启发就发明出了今天的尼龙粘扣。因为非常方便好用，不像扣子那么难系也不像拉锁容易坏掉，所以至今仍得到广泛的使用。

毛虫是危害树木的主要害虫之一，有时我们会看到被毛虫咬得光秃秃的树木。怎样防治毛虫呢？这是一个棘手的课题，大量使用农药虽然可以杀灭毛虫，但是却会破坏环境，还会杀死天敌，破坏生态平衡。森林植保学家发现，毛虫有一个特殊的生活习性，就是在每年的 10 月中旬左右从树上爬下，在树冠下的枯枝落叶层与地表处越冬，第二年春天重新上树危害树木。依据毛虫这一生活习性上的特殊现象，人们发明了一种防治方法，就是在毛虫还没有上树之前，用塑料薄膜围扎树干，利用塑料薄膜的光滑特性，阻隔地下越冬的成虫在春天重新上树，使其无食物可吃而被饿致死，从而达到保护树木的目的，这就是塑料膜环法（图 3.21）。在公园里使用这种方法，不但可降低成本，而且防治期长，不污染环境，不杀伤天敌，是一种非常理想的防治毛虫的好方法。

图 3.21　防治松毛虫的塑料膜环法

20 世纪 80 年代，《新英格兰医学杂志》曾发表一项由来自美国、法国、德国和意大利科学家组成的跨国科研团队的研究报告，发现枸橼酸西地那非成分可以治疗肺动脉高压。1986 年美国辉瑞公司开始研究这种药物，以阻断 PDE5 酶，使得动脉扩张，治疗心绞痛。对动物实验的结果表明，动脉扩张都比较成功。1991 年该团队开始招募志愿者来测试这种药物的具体效果，但是结果却非常令人遗憾，这种药物仍不如市场上已有的其他同类心绞痛药物。这意味着这个药物没有开发成功。但是研究人员发现一个奇怪现象，许多参加试验的男性志愿者不愿退回没有吃完的多余药片，吃完的也还想继续索要这种药物。经过研究人员的仔细询问，原来这种药物对于男性性功能勃起障碍有很好地改善作用。公司的科研人员紧紧抓住这个意外发现，最后研发成功了被称为万艾可的枸橼酸西地那非片，也就是著名的"伟哥"。它风靡世界，在给万千男性带来了"性福"的同时，也给公司带来了巨额利润。

当你在音乐厅欣赏动人的音乐时，你是否会想到，你正在享受着一系列利用一个特殊现象开发出来的系统？这个特殊现象就是广泛存在的、有着极其广泛应用的共振现象。共振是指一个物理系统（力学的或者电学的等）在某个特殊的自振频率附近，会更多吸收外来波动的能量，形成很大振幅的情况。共振现象除了可能会造成灾害之外，也可能带来应用的机会。举例来说，乐器的共鸣箱、音乐厅的混响效果、扬声器的音箱、电子学的谐振电路、微波电路的谐振腔、激光器的光学谐振腔等都是依据共振原理来设计的。生物物理学家发现人体器官的共振频率大约是在小于 20 赫兹的范围之内，武器专家于是想到并抓住这个特殊现象开发出一种武器，利用特殊扬声器发出这种频率的波动（属于人耳听不见的次声波），使得敌方人员的身体器官产生共振而感到极端痛苦甚至死亡，这就是所谓"次声武器"。为了对付隐形战机，武器专家想出了各种方法，其中正在研制的一种谐振雷达，就是使用跟对方飞机尺寸大小相似波长的雷达波，可以在对方飞机的金属骨架上引起强烈电磁共振，从而使它发出可以被我方接收到的回波，使目标回波信号增强 10～100 倍。而且更加重要的是，这个回波跟飞机采取什么隐形措施无关，它是不可屏蔽的。在世界上地震频发的地区，为了高层建筑的安全，除了采用钢结构等加强措施之外，有设计师还给建筑加装了具有弹性的防震底座，使得整个建筑的自振频率大大降低，远远避开地震波的频率（5～20赫兹），从而不会形成共振，使得建筑物的抗震性能大大提高。

我们前面列举了几个著名的发明案例，说明基于特殊现象应用的发明思路。归结起来，基于特殊现象应用的发明思路是：对于一个我们在科研、工作和生活中遇到的特殊现象，首先，应该敏感地发现它、抓住它，然后，再想想它有什么用处？最后，研究怎样去实现。

其中发现和抓住特殊现象是最关键、最重要、最具创造性的环节。并不是人人都会注意身边发生的特殊现象的，当你看到教堂的大吊灯在风中摇晃时，你会数脉搏去测量它的周期吗？如果你作微生物培养实验时，看到培养皿被真菌污染时，是不是只是倒掉再重新作而已？如果你在无线电考察实验中的荧光屏上看到预期之外的杂乱光点，说不定你会说，那只是杂波吧。总而言之，只有最敏感、最具创造性的人，才会发现和抓住那些并不一定很显著的特殊现象。

第四章　技术集成发明

为了实现一个工程上的目标，人们去寻找一切可能的技术方案和一切可能的材料，将它们集合到一起，形成一个新的系统，来实现既定目标，这是一类基于技术集成的发明。或者用一切新出现的技术、新出现的材料，来改进原有的技术装置，使之具有新的功能，或者改进原有功能，这也是基于技术集成的发明。

例如，美国的阿波罗登月计划，集中了所有可能使用的火箭技术、飞船技术、再入技术、遥测遥控技术、通信技术、生命保障技术、计算机技术等，形成了一个巨大的系统，于 1969 年完成了宇航员登月、月面科研和返回地球的历史壮举。这是技术集成的著名案例。

又例如，舰载机在航母上的起飞，常常使用蒸汽弹射器。随着电机技术的发展，直线电机的发展，特别是电源技术的发展，世界各个航母大国，都在利用直线电机的技术，积极研制电磁弹射器。电磁弹射器有许多优点，如体积小、力量大、可调节、耗能低、好维修等。把电磁弹射器引入航母，也是一类技术集成。

可以说，发明史上的大多数发明案例，都是基于技术集成的发明。

当然，技术集成的过程，不可能一帆风顺，也是充满了曲折艰辛的。其中有许多工作要做，也有许多经验可以参考和许多原则需要遵循。

一、莱特兄弟发明飞机

1903 年 12 月 17 日是人类历史上意义深远的日子。上午 11 时左右，在美国北卡罗来纳州小鹰镇基蒂霍克的一片沙丘上，莱特兄弟在试验他们的新飞机。弟弟奥威尔·莱特作第一次试飞，他驾驶他们设计的"飞行者1号"终于成功地升空飞行（图4.1）。这一天，莱特兄弟分别驾驶"飞行者1号"进行了4次试飞。当天，他们的最好成绩是留空59秒，飞行距离260米，成功地实现了人类第一次载人动力飞行。

图4.1　世界上第一架成功的飞机：飞行者1号

飞机是20世纪最伟大的发明之一，经过100多年的努力，现已在民用航空、通用航空和军用航空等方面得到了高度的发展，对社会、经济、科技、文化和军事等领域，都产生了巨大而深远的影响。

飞机的发明和电机、核能、激光一样，都属于原创性发明。这些原创性发明的成功经验是人类非常宝贵的财富，值得我们去认真总结和借鉴。

本节对莱特兄弟发明飞机成功的过程，从创造学的角度作一分析，初步总结他们的成功经验。鉴于本书的目的，我们拟不对莱特兄弟发明飞机的历史过程进行详细的系统描述，而只是引用文献上的有关内容并作一些点评。对莱特兄弟乃至人类发明飞机的过程感兴趣的读者，可以参考相关文献。

据分析，莱特兄弟发明飞机之所以获得巨大成功，有以下几点重要经验值得我们总结。这些经验，我们认为具有创造学的普遍意义。

（一）人类的理想产生飞机的发明选题

正如在第二章所述，自从人类出现，就对鸟类的自由飞翔羡慕不已，幻想着自己也能像鸟一样自由飞翔。这种幻想或者梦想，逐渐演变成美丽的传说。美丽的传说在人们心目中确立了飞行的目标，进而成为人类探索飞行的动力。

千百年来人类将飞行的梦想变为现实的努力，逐渐形成伟大的滚滚洪流。到 19 世纪，飞行器的研究已经有了丰富的研究成果和积累。但重于空气的飞行器——飞机的发展依然十分缓慢，发明家们经历了一系列惨痛的失败，主要原因是飞行器理论研究还未取得突破，功率重量比更高的新型发动机还未面世。

在这个万事俱备、只欠东风的历史时刻，莱特兄弟应运而生。他们勇敢地继承了人类飞翔理想的伟大发明课题。他们在飞行器理论方面取得了突破，并及时抓住了内燃机发明的历史机遇，使自己在飞机的发明方面首先取得了成功。

（二）莱特兄弟非常重视学习和继承前人的研究成果

世界航空先驱者之一，德国工程师李林塔尔，在 1896 年一次试飞中不幸遇难逝世。这个消息，促使莱特兄弟开始关注航空和飞行的问题。他们主要是阅读一些航空入门及相关书籍以加深对于航空的了解。在最初的两三年间，总的来说，他们的航空研究仍属于业余状态，并没有立志进行飞机研究。

在他们开始认真对待飞行问题后，就感到不那么简单，问题成堆。但他们不是闭门造车，自己闷头研究，而是首先求助科研机构。1899 年 5 月，威尔伯·莱特给著名的科学机构史密斯研究院写信求助，向他们索取与航空有关的资料。研究院给他们提供了一份清单，其中有查纽特的《飞行机器的发展》、兰利的《空气动力学试验》、李林塔尔的《作为航空基础的鸟类飞行》，以及 1895 年、1896 年和 1897 年的《航空年鉴》。在仔细地阅读了这些文献之后，他们"惊奇地发现，在人的飞行问题上，已经花费了大量时间和金钱，而且有那么多杰出的科学家和发明家都在这方面进行过研究，包括达•芬奇、乔治•凯利博士、兰利教授、贝尔博士（电话发明人）、马克沁（机枪发明者）、查纽特、帕察斯（蒸汽涡轮发明者）、托马斯•爱迪生、李林塔尔、阿尔代、菲利普斯先生和许多其他人"。这些文献对他们帮助最大的是《航空年鉴》和《飞行机器的发展》。他们甚至把后者称为航空学的"旧约全书"。

看过这些资料之后，他们深深感到自己原来对航空的知识竟然是那样的少。通过研读这些资料，他们获得了重大教益。一是学到了许多基本的、系统的航空知识，特别是设计飞机所必需的基本部件和空气动力学知识，这使他们从一开始就有较高的起点，避免走很多的弯路。二是他们认识到飞机研制面临的重重困难，认识到前人存在的不足从而想到飞机研制应该采取正确的道路。

这是莱特兄弟与其他飞机研究者的不同之处，在他们之前，制造动力飞机的人很多，但很少有人认真研究并充分吸取前人或同时代人失败教训的。

（三）抓住研制飞机的主要矛盾并确定正确的主攻方向

在莱特兄弟之前，航空先驱者们在飞机结构、空气动力学、升力与阻力关系、平衡与操纵、发动机等方面已经取得了不同程度的突破。他们是航空学某一个方面的专家，但是他们往往关注于飞机的某一个或几个方面的问题，孤立地看待和解决局部问题，而不懂得或者忽视了各个环节之间的协调，没有从整体上、从一架完整飞机的角度上寻求解决的办法。因此始终没有人能够设计出一架能够持续飞行的载人飞行器。

而莱特兄弟在阅读那些资料的短短两个月中，便弄清楚了一架成功的飞机所应具备的三要素：升举、推进和平衡控制。通过分析，他们认识到解决飞机的平衡控制问题最困难，也最为关键，是主要矛盾。威尔伯•莱特曾说过："平衡问题是任何试图认真解决人类飞行问题的最大障碍。"而他们对于制造质量轻、强度高、升力大的机翼，以及轻型动力装置有充分的信心。因此他们把重点首先放在解决平衡控制的问题上。

为了解决平衡控制问题，他们又把主攻方向放在滑翔机的研制上。他们的理由是：滑翔机不用发动机，可以节省开支，而且驾驶滑翔机很刺激，激动人心。依我们现在的观点看，除了节省开支以外，使用滑翔机的好处主要是可以集中精力研究飞行器本身的平衡控制问题，避免发动机的重量和性能问题带来的精力分散和节外生枝的干扰。

正是因为莱特兄弟抓住了主要矛盾和选择了正确的主攻方向，使得他们的研制工作避免了许多弯路、相对比较顺利。他们首先在滑翔机上解决了飞行器的平衡控制问题，然后再加上适当的动力，顺利地实现了载人动力飞行。

（四）注重理论对研制飞机的指导作用

莱特兄弟设计飞机，都是用理论指导实践，从不盲目设计。

举例来说，机翼是飞机的关键，机翼尺寸的选择，他们起先是根据李林塔尔的升力和阻力的数据。后来在试飞过程中，感到升力不如预想的大，于是他们决定自己重新实验测试参数。结果发现李林塔尔的数据定性是对的，但不够准确。他们用自己新测量的数据重新设计了机翼，从而保证了升举力的需要。

另外，他们对发动机功率和重量的要求，都是根据机翼的升阻比提出的。试飞结果证明，他们的设计是十分正确的。这就使得试验更加顺利，大大加快了飞机研制的进程。

（五）强调试验和实验的重要性

试验和实验是发明过程中的极其重要的两个环节。人们的一个设想或设计，究竟正确与否，需要试验，试验是对人们设想正确性的验证。如果对需要的客观规律不清楚，就需要做实验，实验是对客观规律的探索。

为了研究飞机的稳定控制性，1899年莱特兄弟首先制作了一个1.5米宽的滑翔机，实际上有点像一只大风筝。目的是试验证明他们发现的保持平衡的翼尖曲翘方法的有效性。试验结果是肯定的，这给予他们极大的信心。

于是 1900～1902 年，莱特兄弟又先后制作了三架试验用的全尺寸滑翔机（图 4.2）。用它们进行了无数次试验飞行，分别对展弦比、翼面积、翼面弯曲度进行了调整，对水平安定面和垂直安定面进行了改装，使得滑翔机的稳定性和操控性得到很大改善，升力也得到较大提高。在经历了多次失败和挫折后，到 1902 年 9 月末，用第 3 号滑翔机试飞，威尔伯·莱特的最好成绩达到 26 秒内滑翔 190 米，奥威尔·莱特的最好成绩达到 21 秒内滑翔 188 米。这个巨大的成功使得莱特兄弟极度兴奋，他们感到给飞机加装发动机的时机到了，决定向动力飞行进行最后的冲刺。

图 4.2　莱特兄弟试验用的滑翔机

在此期间，为了获得设计飞机所需要的可靠的数据，莱特兄弟还进行了多次空气动力学的实验。特别值得一提的是，他们自制了一个小型的风洞，风扇功率 1.5 千瓦，长约 1.5 米，口径 56 厘米×56 厘米，风速 27 千米/小时。他们用它进行了几千次实验，研究了 200 多种不同翼型，获得了大量数据，为他们以后的成功打下了坚实的基础。

在他们的动力飞机"飞行者 1 号"试飞取得具有巨大历史意义的成功后，莱特兄弟并没有满足，他们又设计制造了"飞行者 2 号"和"飞行者 3 号"，反复试验，不断改进飞机的性能，克服了快速转弯时的失速、失控的问题，使之能够作转弯和圆周飞行、倾斜飞行、8 字飞行、重复起降。到 1904 年 10 月 5 日，"飞行者 3 号"的最高记录是在 38 分 2 秒内飞行了

38.6 公里。"飞行者 3 号"被看作是世界上第一架实用动力飞机。

可以说，没有这些试验和实验，就没有莱特兄弟设计制造飞机的伟大成功。

（六）具体问题具体分析并寻找解决问题的可能途径

莱特兄弟在研制飞机的过程中，遇到了无数的问题。他们总是对于具体问题采取具体分析的方法。为了解决这些问题，他们采取从已有的理论或技术中去寻找可能的方法，或者从自然现象中寻找启示，如果没有现成的借鉴，就从实验中去寻找规律。

他们对鸟类的飞行进行了大量观察，发现鸽子的翼尖沿着一个横向轴摆动，这样就可以控制它的横向平衡。莱特兄弟把这种方法成功地用于飞机设计上，就是所谓"翼尖曲翘"的控制方法。

莱特兄弟的第一架滑翔机是采用李林塔尔的数据设计的。然而，他们在试飞时发现，滑翔机不载人时可以起飞，载人时根本飞不起来。他们认为，李林塔尔的数据很可能不准确。于是自己开展了关于一系列升力和阻力的空气动力学的实验，得到准确数据后就解决了滑翔机的升力问题。

到他们的第三架滑翔机还是不够稳定，经过反复试飞、观察和分析，他们决定加装可动的垂直舵面，同时取消前面的两只垂直安定面。经过这些改动后，飞行效果大不一样，终于实现了他们梦寐以求的滑翔机稳定控制飞行。

（七）抓住内燃机诞生的历史机遇

在航空史上，曾经试验过的动力大约有人力、畜力、象筋、蒸汽机、内燃机等。扑翼机是人力的，因为人力太弱小，没有成功；滑翔机曾经使用过畜力来助力起飞，虽然成功，但显然不能成为飞机的连续性动力；象筋作为模型飞机的动力还是不错的，当然也不能作为正式的航空动力。

曾被许多人作为航空动力候选的蒸汽机，发明于 17~18 世纪，由于功率重量比不够而最后被证明不适合作为飞机的动力。蒸汽机的先天不足在于，它需要两次能量传递，首先是燃料的热量加热工作介质水，使之变为水蒸气，再由水蒸气推动活塞，将水蒸气的热能转变为机械能。每一次转换的效率都不高，因此总的效率就很低。到 19 世纪，虽然已经得到很大改进，蒸汽机的热效率也只有 8%左右。另外，因为蒸汽机使用高压蒸汽，需要坚固厚重的锅炉，使得它的体积巨大而笨重。所以其功率重量比太小，不可能推动飞机连续飞行。因此用蒸汽机作为飞机动力的试验最后都失败了。

如果莱特兄弟在此时介入动力飞机的研究，也很难取得成功。但莱特兄弟是在 1899 年才对航空事业感兴趣的，此时内燃机的发展已经有相当一段时间了。内燃机的概念最早出现于 18 世纪末期，1869 年法国工程师雷诺发明了第一台实用的内燃机。这是一台二冲程、无压缩、电点火的煤气机。热效率仅为 4%，还不如当时的蒸汽机。但它毕竟平稳运行了，并且实现了批量生产。1876 年，德国工程师奥托研制成功第一台四冲程单缸煤气机，功率达到 4 马力①，效率达到 12%～14%，这是空前的。此后这种内燃机得到不断改进，到 1880 年，单机功率达到 15～20 马力，热效率达到15.5%。1859 年，美国钻了第一口油井，从此石油工业蓬勃发展，汽油和柴油逐渐成为普通商品，成为可以广泛应用的新燃料。1883 年，德国工程师戴姆勒研制成第一台现代汽油机。液体燃料密度大易储存，使得使用汽油作燃料的内燃机更加具有马力大、重量轻、体积小、效率高等优点。此后内燃机的单机功率逐步达到了 200 马力，热效率达到 20%以上。这就为莱特兄弟发明飞机的成功提供了不可或缺的历史机遇。

在此背景下，莱特兄弟抓住了这个历史机遇，及时地将内燃机这个新技术集成到他们自己研制的飞机里来。1903 年，他们自己顺利地制造出一台 4 缸水冷汽油机，能够长时间发出功率约为 9 千瓦、峰值功率为 12 千瓦的发动机，而其质量只有 75 千克（图 4.3）。这大大超过了他们预期的指标，

---

① 1 马力≈0.74 千瓦。

图 4.3　飞行者 1 号采用的内燃机

为他们成功研制有动力、载人、持续、稳定、可操纵的重于空气的飞行器提供了有力的动力支持。

本节所述莱特兄弟发明飞机获得成功的经验，以及第二节关于计算机的发明过程的经验，都是创造学的宝贵财富，对于其他集成性发明，都是适用的。

二、计算机的发明

大家都知道，我们现在叫作"电脑"的东西，就是计算机。计算机的发明和发展，对现代社会生活各个方面产生了巨大而深远的影响。从科学计算、工程设计、工业控制、数据处理、工商事务管理，到通信、交通、教育、娱乐、家庭等领域，无不显现计算机技术的灵魂作用和巨大威力。

在计算机的发明、发展过程中，先贤们的成功为我们提供了许许多多值得吸取的宝贵经验。计算机的发明和电机、飞机、核能、激光一样，都是属于原创性发明。这些原创性发明的成功经验是人类非常宝贵的财富，值得我们去认真总结和借鉴。在本节我们分析、总结这些经验的创造学启示。

叙述计算机发明、发展过程的文献浩如烟海。我们不准备也不可能重述这些过程，而是引用部分有关事实直接分析它的创造学启示，后者才是我们的重点。感兴趣的读者可以进一步参考其他文献。

计算机技术的发明、发展过程，也是技术集成的一个典型案例，它的经验对于技术集成的发明具有代表意义。

（一）现实的需要产生发明计算工具的课题

现实的需要产生发明课题，这是创造学永恒的原理。计算机技术这个发明课题也是在历史上的现实需要中产生的。

人类最早是用手指来计算的，因而产生了十进制计数法。但手指计算不便于记忆，于是人类就用结绳记事来加强自己的记忆能力。随着畜牧业的发展，禽兽的数量大增，手指和结绳已不能满足要求，于是在中国有人开始用一些小木棍来计算，这就是筹算，其中的小木棍叫作算筹。筹算还附有一套歌诀，以记忆计算方法，从而加快计算速度。在某种意义上，筹算的小木棍是最早期的硬件，而歌诀则相当于最早期的软件。

但使用算筹不够方便、不够快捷，还占用较大的面积。更加方便的口诀，要求更加方便的硬件，大约在明代，中国人发明了珠算。摆在地面或桌面上的木棍算筹，变成了串在木棍上的算盘木珠。珠算使用了"上珠当五、下珠当一"的五-十进制混合方案，比单纯十进制更加方便，它也配有完善的口诀。显然珠算具有比筹算更加快捷的运算特性。

筹算和珠算是中国古代人民对于世界科学技术的一大贡献。

哥白尼之后，天文学发展进入了一个新时期。天文学中的繁重计算工作，使天文学家特别关心计算工具的改革。商业和税务的统计工作，也向人们提出了改进计算工具的要求。随着机械和钟表业的发展，机械传动理论和技术的成熟，使得人们思考如何使用齿轮和轴来设计计算器。17 世纪，德国人什卡尔特、法国人巴斯卡尔和著名数学家莱布尼茨，先后提出或研制了不同的机械式计算器。他们利用齿轮和齿轮之间的咬合、脱离、旋转、平移等机械原理，来实现数字的运算和存储。

19 世纪，美国每十年进行一次人口普查。随着人口的繁衍和移民的增加，统计工作面临巨大困难。据说 1880 年的调查数据，直到 1887 年还没有统计完毕。人口普查统计的巨大重复计算工作量，导致了海尔曼·豪列利特利用穿孔卡片和弱电技术的制表机的发明。

二战中，英国破译敌方密码的巨大工作量，催生了世界第一个全自动电子数字计算机的诞生，这就是 1943 年英国人制成的 Colossus（巨人）专用计算机。在二战期间一共生产了 10 台，据说，这种密码破译机曾起过重要作用。由于英国政府严格保密的原因,很少为外人所知,直到 20 世纪 70 年代才开始逐渐解密。

同样在二战中,美国陆军弹道数据表的制作,是一个工作量巨大、非常困难和紧迫的任务。这个难题催生了美国第一台电子计算机的成功。1945 年,由美国宾夕法尼亚大学摩尔学院电工系为阿伯丁弹道实验室制造了一台通用数字电子计算机,即著名的 ENIAC(图 4.4)。

图 4.4 美国 ENIAC 通用数字计算机

还有许多例子,就不一一列举了。计算机的发明发展史,再次证明了现实的需要产生发明的课题,这是创造学的基本原理。当然,现实的需要并不是产生发明课题的唯一途径,在第二章,我们曾经罗列了许多发明选题的途径。

(二)先贤们非常重视学习和继承前人的研究成果

计算技术历经了一个延续几千年的不断发展的过程,其中凝聚了无数前辈的智慧和成果。任何人想介入这个研究领域,就必须首先要学习和继承前人在本领域已有的研究成果和经验教训。

美国科学家阿塔那索夫 1937 年曾经深入考察了布什 1930 年研制的微分仪,认识到模拟计算的局限性和数字技术的有效性,才开始考虑引进电子技术。他提出了世界上最早的电子数字计算机的方案,并制造出其中的控制器。

而美国第一个电子计算机 ENIAC 的设计者莫克利于 1941 年曾经看过阿塔那索夫关于电子计算机设计的笔记本。

此后著名的 EDVAC 计算机的领导者数学家冯·诺依曼关于电子计算机的许多设计思想则来源于英国 24 岁的年轻人图灵(图 4.5),图灵在计算

机的总体设计和程序设计方面都曾提出过许多新颖的
思想。

　　总之，必须首先学习和继承前人在本领域已有的
研究成果，知道了问题和方向，才可能有真正的创新。
这是所有发明家应该特别注意的问题。

（三）抓住主要矛盾并确定正确的主攻方向

图 4.5　英国人图灵

　　人类发明史告诉我们，具体问题具体分析才是发明
的基本方法和金科玉律，而抓主要矛盾则是成功的钥匙。纵观计算机发展史，
构成计算技术的基本要件是存储、运算和控制，不断提升存储容量和运算速
度，以及改善控制方法，在漫长的发展过程中始终是发展计算技术的主要矛
盾和主攻方向。

　　我们以计算机存储技术的发展为例来说明。

　　珠算的发明者首先要解决存储的环节。由于串在木棍上的木珠与木棍
之间有摩擦力，要移动木珠就需要一定的外力克服摩擦力做功，否则木珠
将保持原位不变，保持状态就是记忆，因而木珠就具有了记忆存储功能。

　　为了实现快速计算，古人在珠算中发明使用口诀。我们认为，珠算中
的口诀，是利用了大脑的记忆功能，通过背诵把计算规则存储在大脑中，
相当于计算软件。在口诀的指挥下，训练有素的手指可以条件反射地迅速
进行运算。

　　古代的珠算发明者不一定意识到上边这些，但实际上是利用了它们。

　　到了电子计算机时代，电路怎样记忆存储？英国物理学家爱克尔斯和
乔丹发明的三极电子管双稳态触发器，利用了电路的正反馈特性，使得触
发器的两个状态之间，必须要有外界的触发信号才能翻转。在没有触发信
号之前，电路保持原来的状态不变。因此它就具有了记忆功能，可以制作
存储器。现在广泛使用的半导体存储器也基本是这个原理。

　　电子管双稳态触发器体积大，密度较低，存储量小。为了提高存储密

度，仿照磁带录音机的原理，有人用磁带机记录数字信息。因为磁性材料具有剩磁特性，如果要想消除剩磁，就需要反向矫顽力，否则剩磁不会消失。这样磁性材料就具有了记忆功能，也可以制作存储器。磁盘、磁鼓和磁带都是利用了磁性材料的这种记忆功能。

图 4.6　王安磁芯存储器

但是磁盘、磁鼓和磁带都需要一个磁头写入，另一个磁头读出，特别是需要磁介质的机械移动，这就限制了存取速度。1949 年，王安提出的磁心存储专利则是利用电的方式在微小磁环组成的矩阵上边自动寻址和读写，因为不需要磁介质的移动，速度大大提高，从而制造成功适合计算机内存用的随机存取存储器（图 4.6）。

磁心存储器一直沿用了多年，直到性能更高的半导体存储器的出现为止。但是半导体存储器的寻址原理与王安的磁心存储器仍然是类似的。

1988 年，费尔和格林贝格尔巧妙地利用了电流中的电子自旋磁矩与磁介质的磁场的相互作用产生的巨磁阻效应。1995 年 IBM 公司首先利用巨磁阻效应设计磁头，使得磁头读取磁信号的灵敏度大大提高，从而使磁介质储存信号的密度也极大地提高，存取速度也得到相应提高。现代磁盘存储量达到了 T（太）（1000G）数量级。

从存储器的发展过程，我们清楚地看到，人们始终紧紧抓住存储容量和存取速度这两个主要矛盾为主攻方向。解决问题的灵感和钥匙均来自于已有技术和已知自然规律的利用。

（四）注重理论方案的指导作用

每一种发明对象，都有自己特殊的技术领域，都有自己特定的理论基础。发明对象越是一个大系统，涉及的理论问题就越多。如果没有一个自上而下的理论顶层设计，整个研制工作就会始终处在一种混乱的状态中，就很难有真正成功的发明。

计算机就是这样一个大系统，在没有着手进行工程设计之前，首先需要一个自上而下的理论顶层设计。

英国数学家拜比吉于 1831 年前后，提出了一个称为"分析机"的设计方案。他的方案由三部分组成：齿轮式寄存器，拜比吉称之为"堆栈"（store）；机械式运算器，他称之为"工场"（mill）；管理操作顺序、选择数据及输出结果的控制器。拜比吉的分析机已经包含了现代计算机设计的主要特征。特别是拜比吉受到加卡提花机的启示，发明了一种利用穿孔卡片来控制计算机工作的方法，这是历史上第一个计算机程序控制的方案。虽然由于技术的原因，这些没有能够最后实现，但拜比吉的方案对于计算机的发展作出了重要的贡献，因而名垂青史。

美国第一台电子数字计算机 ENIAC（电子数字积分计算机）的研制，其实是起源于宾夕法尼亚大学摩尔学院电工系的莫克利的一份报告。1942 年莫利克提出了名为《高速电子管计算装置的使用》的备忘录，它实际上成为 ENIAC 的初始方案。这份报告受到陆军阿伯丁实验室的重视，从而促成了摩尔学院和军械部的合作，最终导致美国第一台电子计算机的问世。

1945 年，数学家冯·诺依曼领导他们的设计小组，对 ENIAC 的方案提出了重大改进，首先放弃十进制改用二进制，明显简化了机器的结构，加快了运算速度；其次使用了特殊的电路存储器，大大增加了存储量；最后特别是使用了程序存储，对于不同计算目的，只要输入不同程序，而无须改动硬件，使得通用计算机成为现实。这个程序存储的新概念，是计算机发展史上的里程碑。这就是著名的 EDVAC 计算机（EDVAC 实际上到 1952 年才完成，见图 4.7）。冯·诺依曼的方案至今还被广泛使用。

图 4.7　冯·诺依曼和他的计算机

所谓理论，就是人们对客观事物规律的总结。重视理论的指导作用，就是按事物的客观规律办事。轻视理论，就是轻视客观规律。盲目实践，是很难取得成功的。

（五）抓住新技术诞生的历史机遇

在人们长期研制或改进一种东西的过程中，其他相关领域可能会不断有某种新技术出现，后者也许正是人们急需的技术。谁先抓住这个历史机遇，把这个新技术集成到自己的发明中去，谁就可能抢得先机，首先取得成功。

计算机的发展史，也是一部不断集成新技术的历史。

算筹和算盘，虽然现在看来很简单，但也都是利用了当时能够得到的资源（木棍和木珠）发展而成，本质上讲，也是一种技术集成。

随着制表工业和机械技术的发展，从 17 世纪开始采用齿轮和轴等零件制作计算和存储装置，计算技术进入了机械计算机的阶段。

电话交换机的继电器，具有体积小、速度快（约 0.01 秒）的特点。1941 年，继电器首先被德国的朱斯成功地应用在他的 Z-3 计算机上，这是世界上第一台通用程序控制计算机。后来，美国的霍华德·艾肯在 IBM 公司的支持下，也在他的计算机 MARK-I 和 MARK-II 中采用了继电器作为基本元件。

根据爱迪生 1883 年发现的热电子发射现象，1904 年英国的弗莱明发明了电子二极管，可以整流和检波；1906 年美国的德福雷斯特进一步发明了三极管，可以放大电信号。从此，电子技术获得了快速发展。由于电子管电路具有更快的响应速度（比继电器快一万倍），所以它注定要被集成到计算机的设计中去。1943 年，英国使用电子管制造的世界第一台全自动专用电子计算机 Colossus。电子管是整个第一代电子计算机的基本元件。

1947 年发明的半导体晶体管具有比电子管体积更加小、更加省电的特点。1956 年贝尔实验室设计成功第一台晶体管电子计算机，到 20 世纪 60

年代实现了大批量生产，使电子计算机进入第二代。

1958 年德克萨斯仪器公司（TI）的杰克·科尔拜研制成功世界第一片半导体集成电路，具有密度更高、速度更快、功率更小的特点（图 4.8）。1964 年宣布的 IBM 360 是最先采用集成电路的通用计算机，也是第三代计算机的代表和里程碑。

图 4.8 德克萨斯州仪器公司发明的世界上第一个集成电路

20 世纪 60 年代大规模集成电路开发成功，到 70 年代采用大规模集成电路的计算机，进入第四代计算机的时代。

三、互联网的发明和发展

互联网，这个名词早已家喻户晓，就连从不上网的大爷大妈，也会说"帮我到网上查查"。你看，在公园里、在大街上、在公共汽车内，甚至在餐桌上，几乎是人手一个智能手机，或者是 iPad，人们都在忙着上网。他们到底在做什么呢？原来他们有的在和远方的朋友聊天、互发照片、在写信，有的在看文章、玩游戏、搜索影讯，还有的在网上购物、借款付款、看病挂号等，做什么的都有。

这就是 21 世纪的一个标志性的文化景观，也是当代科学技术的奇迹！

互联网是 20 世纪最重大的科技发明之一。互联网的发明和发展，对当代世界技术、经济、政治、社会、军事、文化，甚至大众生活的样式，产生了巨大无可比拟的影响，深刻地改变了人类社会文明进程。目前，全世界网民数量达到几十亿，在全球范围内实现了网络互联、信息互通，世界真正变成了地球村。互联网对未来人类历史的深远影响也是难以预测的。

那么，什么是互联网呢？从创造学的角度，可以简单地说，互联网是由庞大通信网络和无数个计算机节点或者其他节点构成的，可以方便快捷地传输各种信息流的一种系统。

可以说互联网也是一种典型的技术集成式的发明。

（一）互联网出现的历史背景和技术基础

互联网概念的最早萌芽，出现在 20 世纪 60 年代初。在此之前，通信技术、计算机技术，都有了长足的发展。正是有了这些基础，才使得互联网有了现实的需要，也才真正能够实现。正如任何发明都需要一定的技术基础一样，没有这些基础，互联网是不可能出现的。

1943 年英国使用电子管制造了世界第一台全自动专用电子计算机 Colossus；1945 年，由美国宾夕法尼亚大学摩尔学院电工系为阿伯丁弹道实验室制造了一台通用数字电子计算机，即著名的 ENIAC。据说，是由于军事用途保密的原因，英国的 Colossus 通用数字计算机，一直到 20 世纪 70 年代，历史机密被披露才逐渐为世人所知（参见本章第二节）。关于它们哪个才真正是世界上第一台计算机的问题，我们还是留给史学家去继续考证。

1948 年，美国的香农出版了《通信的数学理论》，建立了现代信息理论的基础。

1950 年，时分多路通信在电话系统中使用。第二年就有了直拨长途电话。

1956 年贝尔实验室采用 1947 年发明的半导体晶体管，研制成功第一台晶体管电子计算机，到 60 年代实现了大批量生产，使电子计算机进入第二代。这一年还铺设了世界上第一条越洋海底通信电缆。

1957 年苏联发射了第一颗地球人造卫星。第二年美国就有了第一颗通信卫星。

1958 年德克萨斯仪器公司研制成功世界第一片半导体集成电路，具有密度更高、速度更快、功率更小的特点。

在 1962 年，数字传输理论与技术得到应用，之后几年里逐步发展为成熟的数字通信技术。

1963 年，美国的辛康 1 号，世界第一颗商业同步通信卫星升空，开通了国际卫星电话。

1964 年宣布的 IBM 360 是最先采用集成电路的通用计算机，也是第三代计算机的代表和里程碑。

当时甚至已经出现了由主机-终端构成的局域网雏形（图 4.9）。因为那时的主机运算速度已经比较快，而在终端人工操作总是比较慢的，造成机器功能的巨大浪费。于是人们采用时分制，用一个主机带动多个终端，使得机器的功能得到比较充分的利用。这也是最初的局域网的雏形，其经验必然会引导和呼唤人们去发展更大的网络。

图 4.9　一个主机带若干终端的局域网

总而言之，到 20 世纪 60 年代，计算机技术已经发展到第三代，通信技术也已经发展到全球数字通信，为互联网的出现提供了现实的需要和技术上的可能。

（二）科学研究和国防安全的需要产生互联网概念

到了 20 世纪 60 年代，随着计算机技术的巨大进步，许多科学家在使用计算机处理数量巨大的信息，他们之间产生了互通信息进行交流的迫切需要。

1962 年，美国麻省理工学院（MIT）的李克里德和克拉克发表论文《在线人计算机通信》（*On-Line Man Computer Communication*），提出了计算机通信的课题。

1964 年，美国著名的智库兰德公司的研究人员珀·巴兰发表论文 *On*

Distributed Communications Networks（《分布式通信网络》），其中包含有分布式社交行为的全球网络概念。

处于冷战时期的美国，高度关注战时军事指挥系统的安全，他们认识到网络通信具有安全方面的特殊优势，所以特别支持网络方面的研发。因为以前的以控制中心为神经中枢的信息传输系统，一旦被敌方物理地破坏任何一处，都会使整个系统瘫痪。而网络通信则可以避免这种尴尬局面，因为任何一个局部的破坏，信息都可以自动地寻找网络中其他通路到达目的地。

于是在1965年，美国国防部高级研究项目局（ARPA）资助了当时的一个分时计算机系统的合作网络研究。

麻省理工学院林肯实验室的 TX-2 计算机与位于加州圣莫尼卡的系统开发公司的 Q-32 计算机通过 1200bps 的电话专线直接连接（没有使用分组交换）。随后国防部高级研究项目局又将数据设备公司的计算机加入其中，组成了实验网络。

1967年，在美国密歇根州安阿伯召开的一次会议上，进行了有关高级研究项目局网络（ARPANET）的设计方案的讨论。这个 ARPANET 计划，也是世界第一个国家层面的网络计划。

此后互联网经过几十年的蓬勃发展，逐渐达到今天这样的高度发达繁荣的程度。科学家们大量计算机信息的互通需要，美国国防部对军事指挥系统安全的考虑，促成了计算机互通信息网络概念的提出和实施。这就是创造学里的所谓"需要产生发明灵感"。

当然，现今的互联网，早已超越了科学家之间的计算机互通信息的需要和国防军事通信安全的需要的原始概念，早已成为全社会、全世界科技、经济、军事、文化、娱乐等领域不可或缺的工具。

为了继续发展互联网，或者说，为了在互联网领域继续发现和寻找创造的机会，一方面要深入揣摩市场心理，就是更加顺应客户的需求，方便客户的使用；另一方面还要根据网络技术的各种特点，创造新的市场需要。

（三）互联网发展过程中要解决的关键问题

互联网主要是计算机跟通信网络的结合，但是这种技术集成型发明往往是非常复杂的，光有灵感远远不够，还要解决许多具体技术问题。在互联网的发展史上，曾经先后解决了三个重大技术问题，才达到今天的水平。

首先，信息以什么形式传输？1962 年之后，泡尔·巴兰、唐拿德·戴维斯先后提出了分组交换的概念。分组交换（又称包交换），它是将用户传送的数据划分成一定的长度，每个部分叫作一个分组。在每个分组的前面加上一个分组头，用以指明该分组发往何地址，然后由交换机根据每个分组的地址标志，将他们转发至目的地，等到达接收端，再去掉分组头，将各数据字段按顺序重新装配成完整的报文。这一过程称为分组交换。分组交换的优点是电路利用率高，传输时延小，交互性好。特别是它可以在网络中随机自动选择节点传输到达目的地，而不需要中央控制。后者尤其被美国军方所重视，因为即使网络的一部分被摧毁了，信息仍然可以根据分组头里的地址标志到达目的地，大大提高了信息传输的安全性。

其次，网络有许多种类型，但要在不同类型的网络之间进行信息传输会在技术上存在很大困难。美国国防部先进研究项目局的研究人员卡恩在 1972 年提出了开放式网络架构思想，并根据这一思想设计出沿用至今的 TCP/IP 传输协议标准，即传输控制协议/互联网络协议。简单地说就是，TCP 负责发现传输的问题，一有问题就发出信号，要求重新传输，直到所有数据安全正确地传输到目的地。而 IP 是给互联网上的每一台联网设备规定一个地址。在这个框架下，只要采用分组交换技术，任何类型的数据传输网络都可以相互对接。

不过，仅仅解决上述两个问题，网络技术还是不能走出专业人员的范围，因为它的界面实在是太不友好、太不大众化了。要进行某种上传或下载操作，都要靠专门的指令，单一色调（如黑色）的屏幕上显示的都是字母和数字组成的指令，这都不是普通人所能掌握的。对于他们，电脑只是一个高深莫测的神秘之物。瑞士高能物理研究实验室的程序设计员蒂姆·伯纳斯·李注意到这个问题，于是在 1990 年前后最先开发了互联网页，后来人们据此发展出网页浏览器，这就是我们今天看见的具有图像传输、声音传输等多媒体功能的环球信息网（www）技术。

我们看到，这几个问题的解决，都体现了具体问题具体分析的原则。譬如网页的发明，是蒂姆·伯纳斯·李注意到原有网络在计算机上的界面过于不友好，不大众化。为了改进这个缺点，才设计并逐步演变成今天看到的这种被大众接受的页面。

（四）互联网未来发展对世界历史的影响难以预测

世界上的流动无非是物质流和信息流两大类，凡是跟信息流传递有关的工作，绝大多数都可以在互联网上来实现，而且是极其高效便捷地实现。跟物质流有关的工作，也可以用互联网来指挥、协调和促进。如前所述，互联网早已从最初为满足科学家的计算机数据的相互通信需要，以及满足军事通信安全需要的系统，发展成为向市场提供多种信息服务的一个大平台。这种发展，深刻地影响了社会生活的方方面面。

随着无线宽带覆盖区域的提升，互联网用户数将继续增加，有人预测2015 年全世界将达到 30 亿户，而在 2018 年，中国的用户甚至会超过 7 亿。为了进一步促进或适应这个发展趋势，三网融合、多屏合一等新技术都被提上具体日程，许多国际厂商甚至在开发一次起飞就能够飞行数年的太阳能无人机，在 20 多公里的高空巡航，作为无线宽带网络的空中基站。

有线的网络早已不能满足市场的需求，人们追求网络的无线化、移动化。现在的 3G、4G 等无线宽带网络已经可以为智能手机、iPad 和车载电视等移动终端设备提供非常便捷可靠的网络支持，极大地便利和扩展了人们的使用。

除了计算机、手机以外，监控摄像，各种涉及温度、压力、风速、污染值等物理化学参数的传感器，以及车辆的定位信息、监控录像等也都有纳入网络的需求。家里的冰箱、空调和微波炉也将接入互联网。这个节点多样化的趋势，正方兴未艾。

以上是电子硬件方面的改进发展，在软件方面，除了许多专业的应用之外，为普通百姓服务开发的有查阅、搜索、电子邮件、QQ、博客、微博、微信、游戏、棋牌、网上银行、电子商务、电子政务、滴滴打车、包括地图在内的大数据地理信息系统等，这些都为百姓提供了许多方便和选择。

互联网＋传统产业，是促进传统产业升级的重要方向。现在的电子商务，基本上是"互联网的信息流，加上快递的物质流"模式。在家一点鼠标，你就知道商家在卖什么东西；再一点，快递就把你想要的东西送到你家。在电子商务的引领下，许多实体店也加入了这个行列，他们还结合自身优势，发明了O2O的体验式电商模式（参见第二章）。

互联网未来的发展，及其对世界历史的影响，无论从广度还是深度，都难以预测，不是本书能够穷尽的，我们把它留给学术界去继续讨论。但是这个发展过程也为发明家，特别是IT工程师提供了无穷的施展才华的创造空间。

综上所述，从创造学的角度看，互联网的发明发展史，给我们的启示是：①任何发明的出现都需要有一定的技术基础。互联网的技术基础是计算机技术和通信技术发展到一定水平。②需要产生发明的灵感。科学家交换计算机信息的需要，以及美国国防部对于军事通信安全的忧虑和关注，产生了互联网的选题。③任何技术发明光有灵感还不够，还需要分析和解决许多复杂的技术问题。互联网历史上曾经解决了三个重要的技术课题，才达到了今天这个水平。④任何发明的不断完善和进一步发展，都给后来的发明家带来发明的机会。互联网的继续发展，也给发明家带来无穷无尽施展才华的机遇。

顺便提及一个概念，就是时下广为传播的所谓"互联网思维"。但是这个所谓思维，并没有人给出明确定义。按一般的理解，就是在（移动）互联网、大数据、云计算等科技不断发展的背景下，对市场、对用户、对产品、对企业价值链乃至对整个商业生态的进行重新审视的思考方式。我们认为，它实际上应该归类为互联网技术平台应用的发散思维，也就是我们所说的"互联网+"。

第五章 技术发明的原则

在前面的章节中，我们讨论了许多发明的案例，总结出许多不同的经验和规律。但是在这些案例中，还有一些共同的经验和规律，我们将它们归纳为技术发明的原则，本章将讨论这些技术发明的原则。

一、注意正确选题

选题是发明过程的起点，也决定了发明的方向，因此正确选题是创造学的基本问题。参考前人发明选题的成功经验，也比较容易地找到自己发明的切入点。

总的来说，有需要性选题和可能性选题。在第二章里，我们具体概括了技术发明的某些重要的选题思路，主要有探索性选题、科学规律应用性选题、特殊现象应用性选题、新技术的应用性选题、技术集成性选题、商业竞争性选题、灾难对抗性选题、军事对抗性选题、公共安全性选题、系统组合性选题、机器内部矛盾性选题和广义发明选题等。当然，这些都是见仁见智的，也是不可穷尽的，而且不同作者可以有不同的概括。但只要是合理的归纳，都会有利于读者寻找正确的发明思路。

二、重视知识继承

在开始发明工作之前，首先要学习和继承前人的已有知识和经验。在现代科研机构和科研人员的圈子里，这是人所共知、天经地义、不言而喻的。即使是发表一篇科技论文，如果没有起码的文献综述也都通不过审稿专家的审查。在任何课题开题之前，必须要作文献调研和开题报告，对于重大的课题，甚至还要召开论证会。但是在广大技术革新能手和民间发明家中，并不是人人都懂得这个道理的。在黑暗中摸索、闭门造车、低水平重复的现象比比皆是。

这就要求发明家应该学会充分利用信息资源，包括图书馆的、专利局的和网上的资源，学习必要的理论知识，作文献调研，参加各种相关的学术交流活动，甚至必要时参加国际会议等。在动手之前，发明家应先弄清楚前人已经解决了哪些问题，还存在哪些问题，有什么经验教训，对于存在的问题有哪些可能的解决方案或思路等，甚至还要弄清哪些是别人的专利，既要吸收别人的智慧，又不要侵犯了他人的知识产权。只有这样才能找到正确的方向，顺利地开展研发工作，避免不必要的重复、错误和损失。

三、发散思维和收敛思维

在确定了发明项目之后，要尽量从多方面设想不同的可能的技术方案，从中遴选出最佳方案。多方设想就相当于"发散思维"，遴选最佳就相当于"收敛思维"。同样，所用的材料也要多方考虑，从中选出最佳。最后遴选最佳，也就是收敛思维的选择原则，是考虑方案或材料的可行性、先进性、可靠性、经济性、实用性、现实性等，现在还要考虑环保性。

例如，建造一艘航母，首先要选择设计方案。弹射起飞，还是滑跃起飞？常规动力，还是核动力？排水量多大，10 万吨，还是 6 万吨？各种方案涉及的技术，是从国外引进，还是自己研制攻关，最终能否解决？哪些技术应该一步到位？哪些可以一步步来？等等。这些都是非常费思量、需要权衡的事，设想一切可能，选择其中先进、现实和可行的方案。

四、具体问题具体分析

我们始终认为，依据辩证思维，"具体问题具体分析"，是创造学的基本方法和金科玉律。通过分析，找到了矛盾之所在，才知道需要解决什么问题，是方案问题，还是技术问题，是材料问题，还是工艺问题等，必须要具体分析。

具体问题具体分析，是辩证思维的精髓和活的灵魂。它是指在矛盾普遍性原理的指导下，具体分析矛盾的特殊性，并找出解决矛盾的正确方法。在分析矛盾时，要特别防止主观性、片面性和表面性。

1953 年夏，北京永定机械厂承担了抗美援朝紧急支前任务，为一种自行炮车的高锰防弹钢零件钻孔，这种钢硬度高、强度大，标准麻花钻头要钻半天才能打通一个孔，而且还磨损许多钻头。当时的青年工人倪志福起初用标准钻头打眼，一天竟烧坏了 12 支钻头，效率很低。当时厂里正在推广苏联席洛夫钻头，爱动脑筋的倪志福也磨了一把席洛夫钻头，一上机试车，新钻头刚打了一个眼就磨损了。他拿着磨损的钻头，在灯光下翻过来倒过去地仔细琢磨，发现所有用过的钻头的钻心部分和外角都烧坏了。倪志福分析，为什么每个钻头都是同一个地方被烧坏呢？是不是这些地方的压力特别大，一个尖的面积太小，承受不了？反复思考后，一个大胆的灵感诞生了，磨损和烧坏的部分不正是钻头的薄弱环节吗？倒不如干脆把它们磨掉一点，试试看。倪志福兴奋起来，赶紧拿起一个磨损的钻头，用砂轮把磨损的部位磨去，将"一尖三刃"的普通麻花钻变成"三尖七刃"的形状。他用这把钻头连夜干了起来，奇迹发生了，眼看着钻头顺利地钻进了超硬的钢板，钻床把手的手感也轻巧多了，效率大大提高，一会儿工夫就打出了又光滑又圆的孔，紧接着又打出了几个孔，新钻头获得了成功！这就是倪志福分析矛盾、解决矛盾发明新型钻头的故事（图 5.1）。

朝鲜战争中开始使用的第一代超音速战斗机的性能仍然偏低，速度不够，升限、加速性、爬升率不够高，武器系统和机载设备相对简单，因而作战能力仍有很大不足之处。为此，20 世纪 50 年代后期各国开始发展第二代超音速战斗机，强调所谓"高空高速"，升限可达 20 000 米以上，最大速度超过两倍音速。个别的高空截击机的升限高达 30 000 米，速度超过

图 5.1　普通钻头（左）和倪志福钻头（右）

3 倍音速。第二代超音速战斗机出现于 20 世纪 50 年代末和 60 年代初。代表机型包括美国 F-104"战星"式，英国"闪电"式，法国的"幻影"Ⅲ和"幻影"F1，瑞典的萨伯-37，苏联的米格-21，中国在米格-21 基础上研制的歼-7 等。但是越南战争的实践，证明这种片面强调"高空高速"而忽视中低空作战能力、片面强调空空导弹忽视航炮的想法，是错误的，不符合战争的实际，过于主观性和片面性。因此在第三代战机的设计中，又作了修改，强调中低空机动灵活性高、配备先进雷达设备、加强对地攻击能力等。

2003 年，美国"哥伦比亚"号航天飞机在返回地球的过程中，在与大气层摩擦中发生了解体爆炸和机毁人亡的惨剧。根据 NASA 事故调查委员会公布的调查报告称，外部燃料箱表面脱落的一块泡沫材料击中航天飞机左翼前缘的名为"增强碳碳"（即增强碳-碳隔热板）的材料。当航天飞机返回时，经过大气层，产生剧烈摩擦使温度高达 1400 摄氏度的空气在冲入左机翼后融化了内部结构，致使机翼和机体融化，导致了悲剧的发生。宇航局经多次试验确定，泡沫材料安装过程有缺陷是造成事故的主要原因，从而给改进航天飞机的设计提供了事实依据，避免了主观性。

有了这种具体分析得到的结论，才有可能找到真实问题的所在，使得各种发明得到实实在在的改进。

五、集中精力抓主要矛盾

任何事物都有其复杂性，在其自身包含的诸多矛盾中，各种矛盾所处的地位、对事物发展所起的作用均是不同的，总有主和次、重要和非重要之分，其中必有一种矛盾与其他诸种矛盾相比较而言，处于支配地位，对事物发展起决定作用，这种矛盾就叫作主要矛盾。正是由于矛盾有主次之分，我们在思维方法和工作方法上，也应当相应地区分重点与非重点，要善于抓重点、集中力量解决主要矛盾。

技术发明也是如此。任何一个原创性的发明，都不是简单的。需要冷静、理智的分析，找出其主要矛盾和确定正确的主攻方向。沿着正确的路线去进行研究和研制，才能事半功倍，比较顺利地获得你想要的结果。

例如，在莱特兄弟之前，飞机经过许多人、许多年的努力都未取得成功的发明，原因在于问题十分复杂，而前人却没有厘清困难主要在哪里，各人只是沿着各自的兴趣和特长在忙碌。莱特兄弟经过深入全面的学习和

研究，认为飞行稳定性是当时的主要矛盾，首先需要解决，经过不断的努力，他们得到了成功（图5.2）。随后又集中力量解决动力问题，采用了当时问世不久的、功率重量比高的汽油机，使得他们的"飞行者1号"获得了历史性的成功。

图5.2　莱特兄弟反复试验飞机的稳定性

六、重视理论的指导

什么是理论？理论就是人们对客观事物规律的总结归纳。重视理论的指导作用，就是按事物的客观规律办事。常常可以看到一种人，一说理论，

就说你是"理论脱离实际"。其实轻视理论，就是轻视客观规律。盲目实践，是很难取得成功的。

例如，现在空天飞机是网上的热门话题。所谓空天飞机，是指可以从地面发射起飞，直接飞到至少是地球低轨道的，可以在一定的空间自由飞翔，并可以返回地球的飞行器。其中，除了火箭技术、飞机技术、飞船技术、再入大气层技术等具体技术之外，一个最为基本的、不可回避的理论问题是，空天飞机必须要加速到第一宇宙速度（7.9公里/秒），才有可能进入绕地球轨道。那么，每吨有效载荷需要多少燃料才能实现？装这些燃料又需要多大体积？航天专家都是可以估计出来的，那一定是一个需要火箭助推起飞的庞然大物。例如，美国的空天飞机X-37B"轨道试验飞行器1号"，在美国佛罗里达州卡纳尔维拉尔角起飞，就是由巨大的"宇宙神-5"火箭送入太空的。绝不是像一些军迷想象的那样，可以很潇洒地开着一架飞机，从机场跑道起飞，直接飞向太空！可见，研制空天飞机，从一开始就离不开宇航力学指导下的顶层设计。

每一种发明对象，都有自己特殊的技术领域，都有自己特定的理论基础。发明对象越是一个大系统，涉及的理论问题就越多。如果没有一个自上而下的理论顶层设计，整个研制工作就会始终处在一种混乱的状态中，就很难有真正成功的发明。

七、研发离不开试验和实验

理论的指导固然重要，但不能代替试验，只有试验才能真正检验自己的设想是否正确。只有试验不断发现问题，才能不断解决问题，直到最后成功。这就是为什么新飞机都要进行多次试飞，新军舰（包括新航母）都要多次海试的原因。只有通过不断的试飞和海试，才能发现飞机、军舰还存在哪些问题，以便于进一步改进。对于规律不明确、参数不准确的地方，还需要在实验室里进行重新实验，以获得正确的规律和数据。正如人们所说的："实践是检验真理的唯一标准。"

第六章　发明家的类型

　　人类发明史上，曾经有过形形色色众多的发明家。不同类型的发明家，有着不同的思路和思维特点，也有着不同的特长和习惯。研究发明家的类型，对于进一步了解他们的创造方式是非常重要的，同时也可以使想成为发明家的读者正确选择自己的位置，学习各种类型发明家的长处。

　　所以，如果你想当一个发明家，首先应该知道发明家的群体大体是一个什么情况，他们分哪些类型，各有什么特点，各自怎样工作等。这样，你才能根据自己的条件和特长，选择进入一个最适合自己的角色。

一、科学家型发明家

　　科学家型发明家，是指本来是研究自然科学的科学家，但介入了技术发明的人。他们的发明思路大多是基于科学基本规律的应用，正如本书第二章所述，他们的发明思路一般是：挖掘科学基本规律的效应潜力，实现和改进出现效应所需条件，并设法增强效应。

　　参与技术发明的科学家往往有顶级科学家，也有应用型科学家。

　　所谓顶级科学家，是指在发展科学理论方面有过重要贡献的著名科学家。他们之中有些人也会在科学规律发现的第一时间，利用这些规律所表现出的潜力，亲自担当发明家参与技术发明。这种参与，常常是别人无法替代的，只有他们才能深刻理解和驾驭这个发明过程，他们才是最合适的人选。

　　如第三章所述，曾经对电磁理论有重大贡献的英国科学家法拉第，于1821年，利用奥地利物理学家奥斯特刚刚发现不久的电流的磁效应，发明了电动机；又于 1831 年，利用他自己发现的电磁感应现象，发明了发电机。在当时，这些都是相当神奇的发明，别的人，甚至包括许多科学家都还不完全理解其中的奥秘。

又如第三章所述，世界著名的理论物理学家兼中子物理学家费米（图 6.1），在美国的曼哈顿工程中，从 1940 年开始，利用爱因斯坦在狭义相对论中早已提出的质能关系，和刚刚被德国物理学家哈恩和斯特拉斯曼发现的核裂变现象，他提出链式反应的构想，领导一批科学家和工程师，发明并建立了世界上第一座核反应堆。

图 6.1　世界著名物理学家费米

所谓应用型科学家，是指对科学理论有很深的理解和掌控能力的科学家，并且他们积极参与利用科学理论进行技术发明。

在第三章里还可以看到，美国的物理学家汤斯和肖洛，苏联的物理学家巴索夫和普罗霍罗夫，他们在发明激光技术方面都有重大贡献，并因此而先后获得诺贝尔物理学奖。最后，由美国的青年物理学家梅曼戏剧性地在 1960 年抢先实现了第一台激光器的诞生。这里所涉及的几位物理学家，虽然大多获得了诺贝尔物理学奖，不过都不是顶级物理学家，他们都没有在物理基本理论方面有过重要贡献。但是他们对于物理理论都有深刻地理解和扎实地驾驭能力。

科学家型的发明家，往往是在科学发现的第一时间，利用这些被发现的科学规律进行技术发明。虽然其中有的要拖很长时间才能最后完成，但开始研发的时间都很早。

他们的发明往往跟自己的研究方向有关，很少涉足其他领域的发明。他们得到的往往又都是原创性发明，对世界历史有长远而重大的影响。

当然，不是科学家的人，也可以在学习了解科学规律的基础上来实现发明。与科学家相比，虽然他们在获得信息方面一般要慢一些，在占得先机方面要吃亏一些，但任何事物都不是绝对的。只要你有奇思妙想，挖掘科学规律的效应潜力独特应用，也一样可以作出原创性发明。例如，第二章提到的热管，所涉及的相变潜热现象早已不是新事物，但1944年美国高勒却利用相变潜热现象提出了"热传输器件"的概念，到1963年美国格罗弗据此发明了热管。由于热管对热有超强传导特性（所以又被称为传热的超导体），还有单向传热的特性（也被称为传热的二极管），所以在工程上得到广泛的应用。第二章中提到的俄国齐奥尔可夫斯基，在1882年，当他还是一位中学教师时，在200多年前就确立的牛顿第三定律，即作用与反作用定律的基础上，发明了火箭推进原理，建立了航天的技术基础。

二、职业发明家

职业发明家，顾名思义是以发明为自己职业的发明家。

图 6.2　伟大的发明家爱迪生

例如，美国的爱迪生（图 6.2）是有史以来最伟大的职业发明家，一生中发明专利有2000多项，其中最为著名的是白炽灯泡、留声机、电影放映机、选矿机、潜望镜、镍铁碱蓄电池等。他还建立了历史上第一个工业研究实验室，开设了自己的"波普-爱迪生公司"（后转为通用电器公司）。

美国著名发明家马克沁，以其 1884 年发明的马克沁机关枪而闻名于世。其实他涉足的发明是多方面的，他发明了烫发熨斗、照明用煤气发生器和机车车头灯，还发明了自动灭火器和现在广泛使用的捕鼠器，在莱特兄弟之前他还研究过飞机，虽然没有成功，但其副产品演变成了游乐场里至今很受欢迎的旋转飞行器。

职业发明家的选题，除了要满足自己的兴趣爱好之外，还需要盈利谋生，所以必须要迎合市场的直接需求，快速获利。因此我们看到他们的发明大多方向很广，可以说是大小发明通吃，具有很强的机会主义倾向。只要是他们能力所及，又有市场需求的，想到了就会很快进行研发。

他们可能随时随地都在接受外界信息的启发，随时随地酝酿和构思新的发明，甚至还会随身携带小本，随时记录稍纵即逝的发明灵感。

他们一般都有较强的经济能力，有自己的雇员和工作团队，甚至还有自己的研究机构和公司，具有强大的研发能力。

他们需要在发达的市场经济环境中，用完善的知识产权制度保护自己的权益。他们有的人用专利法保护自己公司的产品，有的人靠出售自己的专利使用权获利，或者利用专利权入股与别人联合办公司等。

三、任务型发明家

这一类发明家，大多是在国家的重要工程研发机构工作。他们担任重大国家攻关任务，资金充足，但一般没有个人的选题自由，经常是啃硬骨头。他们的一般工作程序是，根据国外一切可以得到的情报，设计总体方案，寻找一切可以使用的现成技术，用技术集成的方法，实现方案的要求。所谓逆向工程，也是他们常用的工作程序，即通过各种渠道，弄来国外的机器样品，首先拆卸测绘，然后分析研究，进行仿制。如果结构材料等方面有困难，就组织攻关。要是还不能解决，就降格以求，即使体积或重量大一些，性能差一些也可以接受。

国防方面的任务，虽然许多是仿制和跟踪，但其中的技术诀窍，外国是绝对保密的，必须自己克服困难来解决，如果无法按外国的方案解决，就必须发明自己的解决方案。

例如，著名的"两弹一星"工程中担负领导任务的核物理学家钱三强和力学家兼火箭专家钱学森等，他们在任务决策、总体方案、技术攻关、工程施工等方面都发挥了非常关键的作用。我们这里也把他们称为任务型发明家。

例如，神州宇航工程、嫦娥探月工程、蛟龙深海潜航、枭龙战机、歼-10战机、歼-11战机、歼-15战机、歼-20五代机、歼-31五代机、运-20远程战略运输机、新型静音核潜艇、AIP常规潜艇、辽宁舰航母等。其中的许多工程师特别是总工程师都具有这种特点。

四、理论方案型发明家

有些发明项目工程巨大，不是一两个人甚至有时也不是几个机构能实现的。还有的是在当前技术条件下尚无实现的可能，只有将来可以实现。但不管怎样工程巨大，必然是由一个人首先以理论方案的形式提出。

前边提到的齐奥尔科夫斯基是现代宇宙航行学的奠基人。1882年，当时还是一位俄国中学教师的齐奥尔科夫斯基在自学过程中掌握了牛顿第三定律。那个看似简单的作用与反作用原理突然使他豁然开朗。他在日记中写道："如果在一只充满高压气体的桶的一端开一个口，气体就会通过这个小口喷射出来，并给桶产生反作用力，使桶沿相反的方向运动。"这段话就是他对火箭飞行原理的形象描述。1883年，齐奥尔科夫斯基在一篇名为《自由空间》的论文中，正式提出利用反作用装置作为太空旅行工具的推进动力。1896年，他开始从理论上研究星际航行的有关问题，进一步明确了只有火箭才能达到这个目的。1897年，他推导出著名的火箭运动方程式。齐

奥尔科夫斯基于1898年完成了航天学经典性的研究论文《利用喷气工具研究宇宙空间》。他的思想是那么的超前，要知道那时世界上甚至还没有飞机！后来，他又发表了多篇关于火箭理论和太空飞行的论文。这些出色的著作系统地建立起了航天学的理论基础。他被誉为"俄罗斯航天之父"、"世界上最伟大的航天先驱者"（图6.3）。

图6.3 航天先驱齐奥尔科夫斯基

莱特兄弟 1903 年发明成功世界上第一架飞机之后，在欧美引起了一股飞行热潮。1909 年，法国飞行家克莱曼·阿德在一本著作《军事飞行》中构想出"航空母舰"的概念。他当时的设想就是在一艘船上装置平台，飞机可以在上面起飞降落，并把它称为航空母舰。虽然阿德自己没有建造航母，但他提出的航母概念引起了美国、英国的高度重视，英美先后研制成功了最早期的航母。阿德的构想开辟了航空母舰称霸世界的全新时代。

1966 年 7 月，华裔科学家高锟与同事霍哈姆就光纤传输的前景发表了意义重大的论文《光频率的介质纤维表面波导》。他们从理论上论证了：如果能去除玻璃中的杂质，就有可能使光的传输损耗大大降低，可降低到每千米 20 分贝左右。因而可以用玻璃去做光学纤维传送信号。这篇论文使各国科学家受到巨大鼓舞，掀起了光纤通信的革命热潮，从此开创了世界光纤通信的新时代。高锟因此获得了 2009 年诺贝尔物理学奖。

理论方案型发明家不仅具有深厚的理论功底，而且往往具有丰富的想象力和清晰的思路，能把一个尚未出现的事物非常准确、详细地描绘出来。他们的成果常表现为一篇论文，或者一本科学专著。

五、职务内业余发明家

因为他们的职务不是发明，所以其发明不是职务分内的职责，是业余行为。但所作发明常常是和职务工作有关的。最常见的职务内业余发明家是工人发明家，他们往往是为了提高工作效率或者是解决工作中的困难问题而作发明。而职务内的问题是他们最为熟悉的，天天面对的，最容易产生灵感。

纺织工人郝建秀 1951 年发明的细纱工作法，使皮辊花率降低到 0.25%（当时全国最好的纺织厂皮辊花率在 1.5% 左右），个人看车能力由 300 锭提高到 600 锭。

如前所述，机械工人倪志福 1953 年发明了高效、长寿、优质（加工精度高）的"三尖七刃"钻头，被命名为"倪志福钻头"。后来又在大家的参与和帮助下，根据生产实践的不同需要，将"倪志福钻头"发展成适应对钢、铸铁、黄铜、薄板、胶木、铝合金及毛坯孔、深孔等不同材质、不同加工要求的系列钻头，被称为"群钻"。

包起帆，原本是上海港一名普通码头装卸工。20 世纪 80 年代他发明了新型木材抓斗、生铁抓斗、废钢抓斗等一系列码头装卸新产品，极大地提高了生产力。

邹德骏于 20 世纪 80 年代，发明了 CJ4 高效工夹具。它由七种功能各异的工夹具组成，具有自动进刀钻孔、扩孔、铰孔、攻丝、套扣、滚压等多种功能。用在量大面广的中小型普通车床上，车床不需作任何改动就能提高工作效率 1～20 倍。

六、非职务业余发明家

顾名思义，这一类发明家的发明行为与他的职务无关，因此往往资金、人力不足，方向不定且多变，常常倾向于个人喜好和灵感。一些人终身只有一个发明。

图 6.4　摩尔斯诞辰 200 周年纪念邮票

1844 年，美国画家摩尔斯（图 6.4），用点、划和空白三种符号，成功地在华盛顿和巴尔的摩之间传输了电文。他发明了世界上第一个电码——莫尔斯电码，并成功地实现了长距离有线电报通信。

1845 年斯特芬·帕瑞发明了橡皮筋。它是一种用橡胶与乳胶做成的短圈，一般用来把东西绑在一起。至今橡皮筋仍旧是一种广泛使用的小商品。

19 世纪 90 年代，美国机械工程师贾德森产生一个灵感：在两条布边上镶嵌了一个个 U 形金属牙，再利用一个两端开口、前大后小的元件，让它骑在金属牙上，通过其滑动使两边金属牙啮合在一起。贾德森将其发明称为"滑动式纽扣"，并在 1893 年芝加哥国际博览会上展出。之后又经过多人的改进，新式的"滑动式纽扣"得到了广泛的应用，这就是现在所说的拉链。目前拉链的用途日益广泛，深入到民用、航天、航空、军事、医疗等各个领域。

1943 年，一对匈牙利兄弟，经济学家拉季斯洛·比罗和化学家乔治·比罗发明了圆珠笔。他们使用了一个非常细小的球来实现两个功能：既要在书写时均匀地从笔芯中释放墨水，又不让剩余的墨水从笔芯中漏出来。

武汉市民刘幼生发明了一种铲除小广告的电动铲，清除一张小广告"牛皮癣"，只要 20 秒左右。

说到业余发明家，其中有的人存在一些值得注意的问题，如低水平重复前人已经发明的项目，又如因为不符合科学原理从而没有实际的进步等。

一些媒体频频报道"农民造飞机""农民造潜艇"。其实飞机、潜艇都是很久以前就有的事物，根本就算不得发明。而且他们所制造的飞机和潜艇，在技术上，都远远比不上现代真实的飞机和潜艇。因此他们不是真正的发明家，叮以称为"发明玩家"。

还有人设计"三轴传动自行车"，他们在普通自行车的中轴和后轮轴之间再加一根齿轮轴，认为这样可以"省力"。但由于不符合力学原理，也没有实验数据对"省力"的支持，所以在媒体上热闹了一阵之后，就销声匿迹了。

作者认为，应该有一种社会机制，把他们的创造积极性引导到正确的方向。

七、农业发明家

为自家的农场、养殖场发明新的工具或者是新方法、新流程，从而提高效益的,我们称之为农业发明家。

虽然现在已经很难考证谁是音乐养鸡法的原始发明人,但许多养鸡场主都采用音乐养鸡法。这个方法有许多好处,首先可以使小鸡心情愉快,更好地进食,更快地增重,提高产蛋率,节省饲料,还可以提高它们的抗噪声的能力。

天津市农民李宝国,研究发明了一种猪饲料"发酵液",使每头猪 1年节省饲料费 600 元。李宝国用棒秸、芦苇、向日葵秆等废弃物,与鸡粪一起,经过发酵液的发酵,变成猪的美食,饲料费从每公斤 1 元钱降到 0.36 元。

英国大学生安德烈·福特提出一个高产量养鸡方案:将鸡固定在"矩阵"里,水、食物和氧气通过特制管送到嘴内,排泄物通过另一条管道排出。被"矩阵化"养殖的鸡都是"无头鸡",即被摘除了大脑皮层的鸡,其感知能力被阻断。鸡被这样处理后,可以实现高密度养殖,而且鸡也不会觉得难受。

山东省高青县大学生农机手李华,为了解决普通拖拉机不能进大棚的问题,特别设计改装了一种低空间作业拖拉机,实现了大棚机械化作业,极大地提高了生产效率。

黑龙江依安县农民刘凤勇和刘凤强兄弟俩,发明了可挖 2.5 米深的挖坑机,可以剁冰的冰雪除雪机,获得了市场的广泛认可。

八、企业主发明家

企业主常常为自己的企业发明新的产品、研制新工艺,或者以自己的发明为核心产品创办企业。

美国人吉列理发时偶然听到理发师的抱怨:要是有一个安全剃须刀就好了。他敏锐地抓住了这个思路,经过反复地试验,终于发明了一种 T 字形的安全剃须刀。1901 年他为自己发明的安全剃须刀申请了专利,同时创立了世界上第一家经营这种剃须刀的公司。

1975 年，因为一个灵感，在哈佛大学就读的比尔·盖茨自动办理了退学，与保罗·艾伦一同写下电脑语言 BASIC 版本，开始是提供给新成立的阿尔它电脑公司使用。稍后，盖茨与艾伦迁往新墨西哥州阿尔巴库克，正式创立微软公司 Microsoft，当时盖茨 19 岁，成为公司老板，后来成为世界首富。

毕业于北京大学的安英杰，发明防涂鸦涂料，专门针对治理小广告，并以此核心产品创立了北京博越捷创环境工程有限公司。

与职业发明家不同，企业主发明家以发明为本企业设计产品，通过产品销售盈利，而不是以转让发明专利为牟利的手段。当然，职业发明家也可以成为企业主。例如，爱迪生就以其多种电器发明而开设了自己的公司，即后来著名的通用电器公司。

第七章　什么是科学

什么是科学？这是大家都感兴趣的问题。一般来说，所谓科学，包括科学方法（思维方法、研究方法）和人类已经积累起来的反映客观事实、客观规律的知识体系。

作为创造学，我们更加关注的是前者，即科学方法。而且我们主要讨论大的、普适的基本方法，而不去研究具体的方法，如归纳法、演绎法等。

至于科学知识体系，大多属于各学科的专业内容，也不在创造学中讨论范围内。

一、伽利略的 5 步研究方法

对于科学方法，历史上提出最早、最系统、影响最为深远的，莫过于意大利物理学家伽利略的 5 步骤物理学的研究方法，这个方法实际上也是整个近代自然科学的基本研究方法。

伽利略（1564—1642），曾任比萨大学教授，是 16～17 世纪意大利伟大的物理学家、天文学家，是物理学乃至整个科学界的鼻祖（图 7.1）。他在科学上为人类作出过巨大贡献，是近代实验科学的奠基人之一，被誉为"近代力学之父"、"现代科学之父"和"现代科学家的第一人"。他在力学领域进行过著名的比萨斜塔重物自由下落实验，推翻了亚里士多

图 7.1　意大利伟大物理学家伽利略

德关于"物体落下的速度与质量成正比"的学说，建立了落体定律；还发现物体的惯性定律、摆振动的等时性和抛体运动规律，并确定了伽利略相对性原理。他是利用望远镜观察天体取得大量成果的第一人，他发现：月球表面凹凸不平、木星有 4 个卫星、太阳黑子、银河由无数恒星组成，以及金星、水星的盈亏现象等。

他开创或者大力提倡的物理实验研究的方法，如逻辑推理方法、理想实验方法，都为物理学研究提供了强大的武器，开辟了力学和物理学的新时代。尤其是他首创的 5 步骤物理学研究方法，可以说也是 400 年来整个科学界获得光辉灿烂伟大成就的基本方法。

这 5 个步骤可以归纳为：①观察事物；②总结规律和提出假说；③作出数学和逻辑推论；④用实验验证该推论；⑤进一步修正假说。如此循环不已，直到理论完善或被淘汰。

伽利略提出的这个基本研究方法，在后来长期的科学实践中，又有许多充实发展。但它仍然不失为科学研究的一个基本的模式。这个方法还有着深刻的哲学意义，它是辩证唯物哲学认识论在科学方法中的体现。在我们看来，伽利略的 5 步研究方法，从根本上讲，就是科学方法的同义语，甚至也可以说是"科学"这个概念的定义。什么是科学方法，什么不是科学方法，都以是否遵循它为分界线。用这个方法来思考问题、研究问题，就是科学的方法。否则，就不是科学方法，或者是不完全的科学方法。伽利略的这个 5 步骤物理学研究方法中体现的思维，也是科学研究中最基本的创造思维。离开了它，一切思维都是凌乱的。

下面我们来简单地描述一下这个方法。

（一）观察事物

首先我们来看看用什么观察？

用感官观察（肉眼、耳、鼻、舌、皮肤等），用仪器观察（如 X-射线衍射仪、电子显微镜、射电望远镜等）。

肉眼直接观察：例如，天文奇才第谷用肉眼就观测得到了大量行星运动的数据；比利时维萨里医生解剖尸体，用直接观察法写出了第一部人体解剖学；等等。可以广义地说，肉眼也是人类自身的第一种光学仪器。

仪器加肉眼：例如，伽利略用望远镜观察到大量前所未知的天体细节；荷兰人列文虎克用显微镜发现了微生物和红细胞；等等。

仪器测量的数据：仪器观察并不仅限于用肉眼或仪器加肉眼的方式直接观察研究对象。用电子显微镜观察病毒，用扫描隧道显微镜观察固体表面电子云分布，是把对象显示在图片上，再用肉眼观察，这是一种间接观察。地图（手绘、航空拍摄和卫星拍摄）也是一种用测量数据汇总而成的图片，看地图也是间接观察。

测量数据变化的规律，曲线的走势，X-射线衍射花样的分布等，也都是观察的对象。

再看看我们要观察什么？客观事物是我们研究的对象，也就是我们观察的对象。

我们主要观察客观事物的存在形式和运动规律。

客观事物的存在，如天空的银河、生物的细胞、物质的晶格、微观的电子云等。

客观事物的运动规律，如行星绕日作椭圆形轨道运动，原子光谱的分布规律等。

（二）总结规律和提出假说

根据第谷的天文数据，开普勒归纳出行星运动三定律。

根据行星绕日作椭圆形轨道运动，使牛顿在前人研究的基础上，最终提出万有引力定律。

法国博物学家、植物学家和动物学家拉马克出版了他的著作《动物哲学》，首先系统地提出了生物进化论。他的基本假说是"用进废退，获得性遗传"。

由赫兹发现的光电效应，勒纳德总结出它的四条基本规律。

弗莱明认为，培养皿边沿真菌周围的葡萄球菌不能生长，可能是真菌中间有一种物质，有抑制细菌生长的作用。

总结出的这些规律和假说，可能正确，也可能不正确。但这个阶段是最关键、最重要和最激动人心的，也是最具创造性的。有了这些成果，研究才可以进入下一个阶段。

（三）通过数学的或逻辑的分析得出推论

广义相对论早期有三个推论：水星轨道的近日点进动；星体引力场中的光线偏折；光波的引力红移。

德布罗意提出的物质波，既是一种波动，按逻辑推理，就应该可以观察到干涉和衍射现象。

狄拉克根据他的相对论电子波动方程，得出存在正电子和反粒子的推论。

（四）对推论进行实验验证

为什么不直接去验证理论或假说，而要验证它的推论？这是因为往往没有办法或不可能直接验证理论或假说本身，只能验证推论。推论被验证得越多，理论或假说就被认为越是可靠。

对于爱因斯坦在 1915 年提出的广义相对论，人们能够做的就是证实它的三个推论，即所谓三大验证，也就是水星轨道进动、光谱的引力红移和光线在强大引力场附近的弯曲。这些一一都得到了验证，而且至今还在不断进行更精确的验证。

对于德布罗意在 1924 年提出的物质波，也就是所谓的德布罗意波，无法直接验证其正确性。但可以作出推理，即既然实物粒子也是一种波动，它必然会在类似于光栅的结构上产生衍射现象。1927 年，戴维孙、革末和汤姆孙分别在晶体上进行的电子透射和反射实验中，都观察到了衍射花样，而且根据花样计算得到的波长频率都符合德布罗意的公式，证实了德布罗意波假说。

狄拉克提出电子的相对论波动方程，不但可以导出原来无法解释的电子自旋现象，而且推论出存在正电子和反粒子。这些推论后来都得到证实。

（五）对假说进行修正

爱因斯坦广义相对论宇宙方程的解原本是不稳定的，为了使它符合人们的习惯思维，希望它有一个稳定的解，爱因斯坦曾经凭空给它加了一个宇宙项常数。后来因为哈伯定律证明了宇宙并不是稳定的，而且是处在不断地膨胀之中，爱因斯坦就又把这个多余的宇宙项去掉了。

由于拉马克的进化论"用进废退，获得性遗传"理论备受批评，后来英国博物学家达尔文就为进化论提出新的"物竞天择，适者生存"进化机制。

二、典型例证

以上是这种不断修正的典型例子。下面我们再简要地举两个例子，来说明科学家的研究，不管他们自觉或不自觉，客观上都是符合5步骤方法的。

（一）血液循环系统的发现

首先我们看看历史上血液循环系统的发现过程。

早在1800多年前，古罗马名医盖伦根据他观察看到的现象提出：血液在血管内的流动如潮水一样一阵一阵的向四周涌去，到了身体的四周后自然消失。他的这个理论（假说）显然不准确、不完善，但由于盖伦是当时医学界的最高权威，因此人们认为这是不容置疑的，更不可能去验证。可见，虽然盖伦观察了，提出了假说，但没有去进一步验证，因此这段时间，错误得不到纠正，科学也就得不到发展。

一直到16世纪中叶，才逐渐有人对此产生了质疑。17世纪初，英国医生哈维作了这样的实验：他把一条蛇解剖后，用镊子夹住大动脉，发现镊子以下的血管很快瘪了，而镊子与心脏之间的血管和心脏本身却越来越胀，几乎要破了。哈维赶紧去掉镊子，心脏和动脉又恢复正常了。接着，哈维又夹住大静脉，发现镊子与心脏之间的静脉马上瘪了，同时，心脏体积变小，颜色变浅。哈维又去掉镊子，心脏和静脉也恢复正常了。哈维的观察不是简单的观察，他用镊子分别捏住动脉和静脉，对循环系统进行了干预，看看它有什么变化。

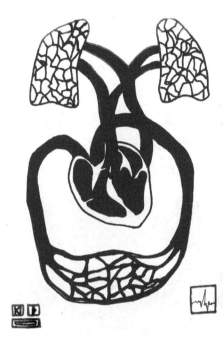

图 7.2　血液循环系统

哈维对实验结果进行了周密的思考，最终得出结论：心脏里的血液被推出后，一定进入了动脉；而静脉里的血液，一定流回了心脏。动脉与静脉之间的血液是相通的，血液在体内是循环不息的（图 7.2）。他的这个假说，虽然没有说清楚动脉和静脉之间是怎样相通的，但结论却是正确的。

后来，意大利人马尔比基用显微镜观察到了毛细血管的存在，正是这些细小的血管将动脉与静脉连在了一起，从而验证和进一步充实了哈维的血液循环理论。

（二）宇宙大爆炸学说的建立

我们再简要地用"宇宙大爆炸"学说的建立过程，来说明科学家如何运用伽利略这个研究方法的。

法国物理学家斐索在 1848 年通过观测发现，恒星光谱线的位置有移动。他指出恒星谱线位置的移动是由于多普勒效应，所以也称为多普勒-斐索效应（观察到光谱线位移，提出多普勒效应的假说）。

1868 年，英国天文学家威廉·哈金斯首次测出了恒星相对于地球的运动速度。（观察到地球与恒星的相对运动）

在 1912 年开始的观测，美国天文学家维斯托·斯里弗发现绝大多数的螺旋星云都有不可忽视的红移。（观察到星云光谱的红移，即波长略微变长）

1929 年，美国天文学家埃德温·哈勃发现这些星云（现在知道是星系）的红移和距离有关联性，也就是哈勃定律（图 7.3）。他发现，不管你往哪个方向看，远处的星系正急速地远离我们而去，而且越是离我们远的星云，远去的速度（退行速度）越大。换言之，宇宙正在不断膨胀。哈勃的这个重大发现奠定了现代宇宙学的基础。（提出规律：哈勃定律）

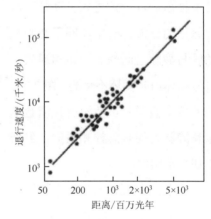

图 7.3　哈勃和哈勃定律

这意味着，在早先星体相互之间更加靠近。按哈勃定律计算，在 100 亿～200 亿年之前的某一时刻，它们应该刚好在同一地方，所以哈勃的发现暗示：存在一个叫作大爆炸的时刻，当时宇宙是无限紧密的一个点。1932 年由比利时牧师勒梅特首次提出现代宇宙大爆炸理论。20 世纪 40 年代，俄裔美国物理学家伽莫夫与他的两个学生——拉尔夫·阿尔菲和罗伯特·赫尔曼一道，将广义相对论引入宇宙学，提出了热大爆炸宇宙学模型（图 7.4）。（提出大爆炸假说，建立理论模型）

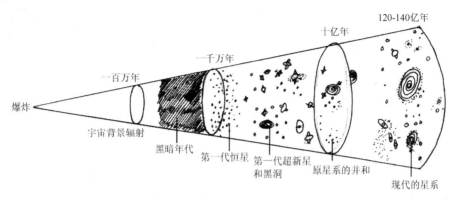

图 7.4 宇宙大爆炸

根据宇宙热大爆炸理论的推论，伽莫夫预言了宇宙微波背景辐射的存在。（推论）

1964 年，美国贝尔电话公司年轻的工程师——彭齐亚斯和威尔逊，接收到一种来自宇宙的无线电干扰噪声，各个方向上信号的强度都一样。经过进一步测量和计算，发现这正是辐射温度是 2.7 开尔文的宇宙微波背景辐射。这是对热大爆炸宇宙论的一个非常有力的支持！（验证了推论）

1917 年，为了说明传统观念中宇宙的静态稳定性，如前所述，爱因斯坦曾经不得不在他的广义相对论宇宙模型中凭空加入了一项宇宙常数。但后来科学的发展证明，宇宙其实并不是稳定的，现在正在膨胀过程中（也就是所谓大爆炸）。于是，十分懊悔的爱因斯坦去掉了这个宇宙常数，修正了自己的错误。他原来的宇宙模型本来就是不稳定的，而天文观测的事实也就是如此，这更加表明了广义相对论的正确性和深刻性。（修正理论）

经过科学家几十年的努力，大爆炸宇宙理论又有了新的巨大发展，成为迄今为止观测证据最多、最获公认的现代宇宙理论。（不断循环修正）

第八章　科学研究的选题

自然科学研究的选题非常重要，它意味着研究的切入点和研究方向。从某种意义上可以说，历史上著名的科学家无不是正确选题，才取得了重要的科研成果，所以我们将选题作为创造学的论题。至于科学研究的具体方法，涉及各学科太多的具体细节，因而对于创造学而言，不是适当的话题。

一、新仪器的发明是一个机遇

科学家应该抓紧利用它进行观察，首先发现新世界。因为它可以观察到以前不能观察到的世界，这就意味着巨大的机遇。谁紧紧抓住了这个机会，谁就可以率先获得丰硕的科研成果。

可以说，肉眼是人类的第一个"观察仪器"。人类用肉眼观察世界，历经了几百万年的时间，最重要的观察对象，一是天空的日月和星辰，二是地上的山川和生灵。到了现代，虽然我们不能说，凭肉眼绝对不可能得到新发现，特别是那些诸如地质学、生态学、海洋学等，具有巨大范围对象的科学，还是需要肉眼观察的。但那个仅凭肉眼观察就能有所发现的时代基本上已经过去，现在大部分时间必须采用仪器才可能观察到新的东西。所以本书主要讨论仪器观察。

1590 年前后，荷兰眼镜商人札恰里亚斯·詹森发明了一台简易的显微镜，但非常可惜，他自己没有作出什么新发现，千载难逢的机遇留给了别人。1675 年，荷兰人列文虎克用自己制造的 300 倍显微镜，发现了微生物和红细胞，开创了生物医学的新领域，也为医学的进一步发展提供了新的出发点。

荷兰眼镜工匠利伯希发明了望远镜，于 1608 年申请了专利。但除了用来娱乐以外，他不知道应该用望远镜来做什么有意义的事。伽利略得知后，立刻着手研究改进望远镜，他用自制的望远镜指向天空，观察到月球表面的一些前人不知的细节，观察到金星的面相，发现木星的 4 颗卫星，发现了太阳黑子的运动，并作出了太阳在转动的结论。这使天文观测得到很大的发展，也使人类对太阳系的认识前进了一大步。这反映了伽利略作为科学家对新仪器在科学研究上的重大意义的高度敏感。他被人们誉为"发现新天空的哥伦布"。

由于可见光的衍射极限限制了分辨率，光学显微镜放大倍数始终未能超过 2000 倍。为了进一步提高放大倍数，根据衍射理论，必须使用波长更加短的波。电子的德布罗意波可以实现更短的波长，但没有合适的透镜。1923 年德国的蒲许论证了"具有轴对称的磁场对电子束来说起着透镜的作用"，这就是"磁透镜"原理。1932 年德国卢斯卡根据此原理制作了第一台电子显微镜，到 1939 年卢斯卡在西门子公司制成可以分辨 30 埃的实用电子显微镜。现在，人们用电子显微镜观察到病毒、固体表面微观结构、一些大分子，甚至某些特殊状态下的原子，大大开阔了人类的眼界。

1931 年，美国贝尔电话公司的杨斯基在研究无线电通信的电磁干扰时，用一个具有特殊形状天线阵列的接收机，发现了来自银河中心方向的射电辐射。这就是世界上第一台射电望远镜（图 8.1）。据此，美国人雷伯 1937 年制成了性能更好的实用射电望远镜，接收和研究来自太阳和其他恒星等天体的射电波，发现大量射电天体，从此诞生了射电天文学，使科学家对宇宙有了更加深刻的理解。

图 8.1　雷伯 1937 年制造的第一架射电望远镜

二、发现新事物、新现象后对其规律的归纳或提出新的理论

16世纪，天文奇才第谷仅凭肉眼观测就获得了大量的天文数据。在他生命的最后日子里，他把这些数据交给了开普勒，开普勒归纳了这些数据，1609～1619年提出了著名的行星运动三定律。开普勒第一定律，也称椭圆定律、轨道定律、行星定律。它告诉我们：太阳系中的所有行星围绕太阳运动的轨道都是椭圆，太阳处在所有椭圆的一个焦点上。开普勒第二定律，

图8.2　德国伟大的天文学家开普勒

也称面积定律，即在相等时间内，太阳和运动中的行星的连线（向量半径）所扫过的面积都是相等的。这一定律实际揭示了行星绕太阳公转的角动量守恒。开普勒第三定律，也称调和定律，也称周期定律，是指绕以太阳为焦点的椭圆轨道运行的所有行星，其椭圆轨道半长轴的立方与周期的平方之比是一个常量。开普勒利用了第谷的观察数据，总结的行星运动三定律构成了现代宇宙理论的基础（图8.2）。

1820年丹麦物理学家奥斯特发现电流会造成附近磁针受到一种新型的作用力——"横向力"，这就是电流的磁效应。这个突破在科学界引起一系列跟进的试验研究。安培抓住机会，夜以继日，总结出圆电流对磁针的作用、平行电流之间的相互作用规律，提出物质磁性来源于分子电流的假说等。在数学家拉普拉斯的帮助下，法国物理学家毕奥和萨瓦提出了电流元产生磁场的"毕奥-萨瓦定律"。这些进展，导致了电磁学的巨大进步。

1887 年德国物理学家赫兹发现，在光的照射下，某些物质表面会发射出电流，这就是光电效应。1899 年汤姆孙提出并证明这个电流的性质是电子流。1902 年勒纳德对光电效应进行了系统研究，总结出光电效应的 4 条基本规律。1905 年，爱因斯坦提出光量子理论，解释了光电效应。可见，光电效应的发现，导致其性质的确定、规律的总结，以及光量子理论的建立，获得了一系列的巨大成果。

三、对理论特别是对新理论进行的实验验证

长期以来，人们普遍接受亚里士多德的"物体下落速度与物体质量成正比"的观点。据《伽利略传》记载，1589 年伽利略在比萨斜塔当着其他教授和学生面做的自由落体实验，证明所有物体具有相同的加速度（图 8.3）。这个实验，推翻了亚里士多德的观点。虽然，该实验是否真是在比萨斜塔做的，甚至是否真的做过，史学界尚无定论。但是，所有物体在重力作用下具有相同加速度却是千真万确的。伽利略的这个结论，对于经典力学的建立至关重要，甚至在300 多年后被爱因斯坦的广义相对论所吸收。

图 8.3　意大利比萨斜塔

生命是怎样产生的？这个问题长期困惑着人类的智者。历史上出现了关于生命起源的诸多假说，其中有一个自然发生论。简单地说，它就是认为生命可以在环境中随时自然发生的。19 世纪 60 年代，为了验证这个假说，法国微生物学家巴斯德做了一个著名的实验，他在一个敞口鹅颈烧瓶中放置了一些肉汤，瓶口和大气相连，但其长而弯曲的鹅颈可防止灰尘进

入。这一瓶肉汤竟然历经几年而不腐，并无微生物发生，从而推翻了生物自然发生论。

1905年，为了正确解释光电效应，爱因斯坦提出光量子假说。首先密立根对爱因斯坦的光电效应方程给出了实验验证，而且还测出了普朗克常量；1923年，康普顿用实验证实 X-射线的量子性，证明光不仅具有能量，而且像粒子一样具有动量，遵守能量守恒和动量守恒，除此以外，康普顿在得到散射公式时还大胆地采用了当时还未被普遍接受的相对论，这也是相对论最早的出色应用。

1916年，爱因斯坦提出广义相对论。除了原先就知道的水星轨道近

日点运动符合广义相对论的预言外，1919年科学家赴非洲观测日全食，证实了广义相对论预言的太阳光线在引力场中会发生的偏折（图8.4），1925年天文学家亚当斯观测了一颗白矮星天狼 A，测到的引力红移与广义相对论的推算基

图 8.4　引力场中光线偏转（纪念邮票）

本相符。这样，爱因斯坦本人提出广义相对论的三大经典验证，基本被证实。爱因斯坦根据广义相对论还预言有引力波的存在，至今科学界仍然在努力证实。

1923年，德布罗意在并无实验证据支持的情况下，仅以对称思想而提出了物质波的概念。1927年，戴维孙和革末，以及汤姆孙分别用电子在晶体上的反射衍射和透射衍射实验证明了德布罗意波的假说。

1956年，李政道和杨振宁提出宇称不守恒假说，认为基本粒子在弱相互作用下宇称是不守恒的。实验物理学家吴健雄用一个巧妙的实验验证了杨振宁和李政道的理论，推翻了物理学上 30 年屹立不移的宇称守恒定律。从此，宇称不守恒才真正被认为是一条具有普遍意义的基本科学原理。

四、新的实验现象没法解释或与原有理论有矛盾时，需要提出新理论

1848 年，巴斯德分离出两种酒石酸结晶，其中一种能使平面偏振光向左旋转，另一种则使之向右旋转，角度相同。这种旋光现象，是以前的化学理论无法解释的。为了能够解释这个现象，1874 年范托夫和勒贝尔分别提出关于碳原子的四面体学说，他们认为，分子是个三维实体，碳的四个价键在空间是对称的，分别指向一个正四面体的四个顶点，碳原子位于正四面体的中心。当碳原子与四个不同的原子或基团连接时，就产生一对异构体，它们互为实物和镜像，这一对化合物互为旋光异构体。范托夫和勒贝尔的学说，解释了两种配酸结晶的不同旋光现象，并逐渐发展成立体化学。

前述光电效应的基本规律与光的波动学说相矛盾，也就是说不能用光的波动理论来解释光电效应。这个矛盾引起了许多科学家的深入研究，最后导致了爱因斯坦革命性的光量子理论的诞生。

光速不变的理论和实验结论与伽利略变换的矛盾，导致了狭义相对论的诞生。根据麦克斯韦方程推导出的电磁波动方程，可以计算出电磁波的速度或光速，但奇怪的是，电磁波（包括光的）速度的表达式竟然跟参照系无关！美国物理学家迈克耳孙和莫雷于 1887 年以其精确的光学干涉方法，寻找地球相对"以太"的速度，以验证光速究竟跟参照系是否有关。结果令人惊讶，实验无法分辨光在不同参考系中的差别，光速真的确实是跟参照系无关！这就与物理学家的传统基本概念，特别是与伽利略时空变换之间出现了巨大矛盾。理论和实验出人意料的矛盾结果，给予经典物理学以巨大的冲击。在众多物理学家的努力下，最终由爱因斯坦于 1905 年提出狭义相对论，圆满地解决了这个问题，确立了宏观大能量世界的物理学规律。

1956 年，科学家发现 θ 和 γ 两种介子的自旋、质量、寿命、电荷等完

全相同，多数人认为它们是同一种粒子，但 θ 衰变时产生两个 π 介子，而 γ 衰变时产生 3 个，这又说明它们是不同种粒子，引起了人们的疑惑。李政道和杨振宁在深入细致地研究了各种因素之后，大胆地断言：θ 和 γ 是完全相同的同一种粒子(后来被称为 K 介子)，只是在弱相互作用下"θ-γ"粒子宇称不守恒。这个弱作用下粒子宇称不守恒理论，就是他们后来获得诺贝尔物理学奖的成果。

五、两个理论之间存在矛盾

如果对于同一问题出现或存在两个互相矛盾的理论，则可能有一个是不对的，或者两者都有正确的因素，需要统一。这对科学家就是天赐良机，应该特别关注。或者在理论上分析，或者从实验上判断，找出是非对错，或者提出全新的理论。科学史上许多大的争论都有众多优秀科学家参与，就证明这是重要的选题机会。

物理学史上著名的光的微粒说和波动说的长期争论就是一个例子。17 世纪以来，英国物理学家牛顿以其在科学界的巨大权威坚持着光的微粒说，而与其同时期的惠更斯，以及以后的托马斯·杨，菲涅尔则以干涉、衍射的实验现象证明光的波动本质挑战牛顿。1886 年以后，随着麦克斯韦的光的电磁波理论的提出和证实，波动学说取得了上风。但 1887 年光电效应的发现，特别是 1902 年勒纳德总结出光电效应的四条基本规律，用光的波动学说不能解释，使波动学说又逐渐陷入了困境。1905 年，爱因斯坦提出了光量子假说，认为光具有波粒二象性，既是波动，又是粒子，才解决了这个矛盾，逐渐形成现代统一的光理论。

拉马克的进化论和达尔文的进化论。生物进化的观点，自古希腊就有。1809 年，法国博物学家拉马克第一个提出生物进化的理论。他的进化机理是"用进废退，获得性遗传"。所谓用进废退，是说经常使用的器官越来越发达，不使用就越来越退化；获得性遗传是指环境引起或由于"废退"而引起的变化是可遗传的。1859年，英国博物学家达尔文提出的机理是"物竞天择，适者生存"，主张生物变异的普遍性，而自然选择使适应的物种生存下来，不适应者被淘汰。究竟哪个进化机理正确呢？有人做了一个很特别的实验，即把雌雄老鼠的尾巴切断，让它们交配，产下的子代还是有尾巴；再把子代老鼠尾巴切断，再繁殖子代，还是有尾巴；如此不断，进行到21代，还是有尾巴，并没有出现获得性遗传。另外，根据现代分子生物学的中心法则，生物的性状功能无论常用或不常用，也不会编码到染色体中。这就证明拉马克的获得性遗传是不存在的。于是，现代生物学倾向于达尔文的进化思想，特别是现代达尔文主义。

大陆漂移学说和大陆固定学说。1912年，英国气象学家瓦格纳提出大陆漂移学说，认为亿万年来各大陆在缓慢移动。而当时欧美的地质学家则普遍认为地壳是坚硬的，不可能移动。究竟哪个说法正确呢？20世纪60年代，两位英国海洋地质学家赫斯和迪茨利用现代测量技术测定海底岩石，发现大洋底部有"海底扩张"的现象，解决了大陆漂移的机制问题。法国科学家勒比雄和美国的摩根于1968~1969年进一步提出板块构造学说，阐明了海底扩张的原因。现在，科学界自然倾向于大陆运动的观点。

波动力学和矩阵力学。如前所述，1925年，海森伯创立了矩阵力学，解释了许多量子物理的实验结果。但由于那时物理学家不熟悉矩阵的形式，许多物理学家对它是犹豫的。1926年，薛定谔方程的提出，用物理学家熟悉的波动方程形式，很自然地解释了量子物理的众多结果，建立了波动力学。但两种理论形式完全不同，究竟哪个是对的？很快薛定谔就从数学上证明，矩阵力学是薛定谔方程的本征值形式，二者是等价的。于是统一了矩阵力学和波动力学，建立了统一的量子力学。

爱因斯坦和玻尔的世纪大争论。以玻尔为代表的哥本哈根学派，主张量子力学的概率解释，认为这是物理学的基本规律。而爱因斯坦等则坚持物理学的决定论解释，认为概率解释只是一种权宜之计。两位物理学巨匠之间的争论延续了20多年，直到他们先后离世也没有结论。爱因斯坦等

1935 年曾经提出一个所谓"EPR 悖论",以一个特殊的自旋为单态的双粒子纠缠态为例,指出如果量子力学的概率解释成立,则两个粒子之间就可能以超光速传递信息,从而与相对论矛盾,以此来反驳玻尔,而玻尔也有自己的说辞。后来,为了解决这一"疑难",不少理论物理学家企图建立量子力学的隐参量理论。1964 年,贝尔从隐参量存在和定域性成立出发,提出了著名的贝尔不等式,将这个历史上争论不休的哲学问题变成一个可能经过实验验证的物理问题。1981 年,阿斯佩克等用精密的实验验证了贝尔不等式,证明了量子力学的正统概率解释的正确性。玻尔的哥本哈根正统学派因此占得了上风,但同时爱因斯坦在 EPR 悖论中提出的诘难并没有解决。不过令人惊喜的是,1993 年,本纳特根据爱因斯坦的诘难提出了量子隐形传态理论,开创了量子通信乃至量子信息理论之先河。所以,虽然问题并未最后解决,这也算是两位物理巨匠世纪大争论的一个喜剧式结果。

六、在科学前沿突破后及时跟进

科学前沿的突破往往将我们带入新领域、新天地,是获得重要科研成果的绝佳机会。物理学史上量子物理和量子力学的发展过程,很好地体现了这种科学前沿突破后科学家的跟进。

1900 年,普朗克提出了他的黑体辐射公式和能量子概念,打开了量子物理的大门。借用普朗克的能量子概念,1905 年爱因斯坦提出光量子理论,指出光具有波粒二象性;1912 年德拜提出固体比热的量子理论;1913 年玻尔将量子概念运用到原子领域,提出了他的氢原子模型;1917 年爱因斯坦又进一步提出了原子的受激辐射理论;1924 年,康普顿的 X-射线散射实验,证实了光量子像粒子一样具有动量,可以和电子进行碰撞。在这段时间里,科学界获得了大量的重要科学成果。

到 1923 年,德布罗意提出物质波的概念,认为实物粒子也具有波粒二象性,实现了量子理论新的突破,进入了量子力学的新领域。1925 年,海森伯建立了矩阵力学，这是量子力学的第一个理论；1926 年，波恩提出物质波的波函数的统计解释；1926 年，薛定谔提出了决定物质波函数的薛定谔方程，建立了波动力学；同年，薛定谔还证明了矩阵力学和波动力学等价，于是统一的量子力学诞生；1927 年，戴维孙、革末和汤姆孙分别用电子衍射实验证明了德布罗意波假说；1927 年，海特勒和伦敦提出氢分子的量子理论，开创了量子化学的新领域；1928 年，布洛赫解决了固体周期势中自由传播电子的问题，首创了固体物理的学科；等等。

正是 20 世纪的前 30 年，科学家在科学前沿突破后的这种积极跟进，使得量子物理和量子力学获得了辉煌的成果，既为参与其中的科学家个人争得了巨大荣誉，也为当代电子技术、材料科学、信息技术、生物工程等奠定了坚实的理论基础。

想要在科学前沿突破后能够及时跟进，必须要及时了解相关学科的最新进展，随时注意国际著名科学杂志的消息，参加国内外举行的相关国际会议；另外还要掌握有关基本知识，确定方向后要阅读有关文献综述，补习有用的实验技能或数学知识，添加必要的设备等。

七、异常现象显示选题的机遇

异常现象，是指用原来理论难以解释的现象。往往是因为无意间进入了一个新的领域，显然这就是科学研究新的重大机遇。

1895 年，德国物理学家伦琴用阴极射线的高速电子流轰击固体靶子，他发现，隔着纸箱的一块荧光屏幕发出了光，而放电管旁边包得很严实的底片也被感光了！这个奇特的异常现象引起伦琴的极大注意，终于使他发现了 X-射线（图 8.5）。

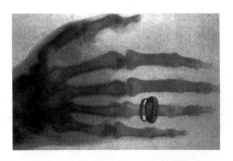

图 8.5　X-射线透过伦琴夫人的手掌

如前所述，1928 年，英国细菌学家弗莱明研究葡萄球菌的变种时，突然发现在培养皿边沿生长了一堆真菌，在这堆真菌周围，葡萄球菌不能生长。弗莱明凭洞察到这些真菌不寻常，终于悟到，这些真菌中间有一种物质，有抑制细菌生长的作用，就发现了青霉素。按此思路，医学界后来又发现了多种抗生素。因为多种抗生素的发现，也就导致了医学上多种实用抗生素制剂的发明（见第三章）。在本节中，我们强调的是青霉素和多种抗生素的发现。

我们这所说的"异常现象"，不是出现在有目的的实验之中，而是偶然发现，跟前面第四节所说的新的实验现象不是同一概念。

八、理论的综合

科学发展史表明，综合是最后完成新理论体系的一个主要方式。当条件逐步成熟时，科学家要抓紧时机进行综合，力争首先完成新的理论体系。

横向综合：在同一层次上的规律（实验或理论的）已有许多研究成果的前提下，应该试图将它们统一起来，形成统一的理论。在这个过程中，往往会发现还有欠缺，还有矛盾，就要把欠缺补上，把矛盾解决，最后用一个自洽的理论形式完成统一。这就是横向综合。

牛顿对经典力学的综合，麦克斯韦对电磁场理论的综合，门捷列耶夫对化学元素周期律的综合，都是横向综合的例证。

除了横向综合以外，本书作者认为还有另一种综合形式，我们叫作纵向综合。

纵向综合：当一个已有理论的基本原理有了新的突破性进展时，该理论就可能在新原理的基础上发展成一个更加完善、更加深刻的新理论。这就是纵向综合。

相对论力学是对经典力学的纵向综合，现代达尔文主义是对达尔文进化论的纵向综合，板块理论是对大陆漂移学说以及洋底扩张学说的纵向综合等。

关于这方面的详细内容请参见第九章。

九、科学原理的推广

广义相对论的建立过程，与狭义相对论不同。如果说狭义相对论的建立有一系列实验现象和观测现象为根据，有许多理论矛盾为推动，而广义相对论则可以说基本上只是理论甚至只是哲学思考的结果。既然狭义相对论的相对性原理认为，物理规律在所有惯性参照系中都具有相同的形式，如果你有很强的发散思维能力和习惯，那么从理论上很自然就会想到，物理规律是否可以推广为在所有参照系中都具有相同形式呢？这就把狭义相对性原理推广了。进一步思考，在非惯性系中出现的惯性力具有什么性质，又应该如何处理呢？惯性力是否可以等效于引力呢？这就酝酿一个新的原理。如此一步步推测下来，爱因斯坦大胆提出，物理规律在一切参照系都具有相同的形式，并且引力与惯性力具有相同的性质，这就是广义相对性原理和等效原理。据此，再加上张量分析和黎曼几何的数学工具，爱因斯坦终于在 1916 年建立了广义相对论。

量子力学的建立过程也是这种推广的一个非常典型的例证。受到爱因斯坦光量子理论的启发，德布罗意仅仅根据对称思维的逻辑，就推测实物粒子也可能具有波粒二象性，提出物质波假说，就是将波粒二象性从光子推广到实物粒子。基于这个推广，就有了以后的薛定谔方程、德布罗意波的概率解释等，从而建立起量子力学。

要想能够由原理的推广获得新的科学成果，科学家必须要随时关注科学的基本问题。注意科学理论的基本原理有哪些是可以推广的，怎样推广，推广的后果是什么，需要什么理论工具等。任何科学原理的成功推广都将获得重大科研成果，值得学者们去追求或关注。

十、基础理论成熟后转而应用于对具体对象的研究

基础理论往往是关于一个领域的基本规律的，它的成熟意味着可以对

这个领域或其他相关领域的具体问题展开全面的研究，可以获得大批成果。某种基础理论在其他领域的应用，通常被称为边缘学科或者交叉学科。

1927～1928年，作为微观粒子基础理论的量子力学基本建成，随即科学家们开始了应用量子力学于具体对象的竞赛。

量子化学。1927年，爱尔兰大学海特勒和伦敦用变分法计算了氢分子的结合价键，是应用量子力学的基本原理和方法研究化学问题的开端，从此一门交叉学科——量子化学诞生。

固体物理。1928年，布洛赫用量子力学解决了固体周期势中的自由电子传播的问题，从此物理学家逐步解决了固体的比热、导电率的计算，理解了绝缘体、导体和半导体的机理等问题，创立了固体物理。而半导体物理则是固体物理的一个极其重要的分支。

量子生物学。1930年，物理学家约尔丹提出，生物物种的突变是一种量子跃迁过程，这是用量子力学解释生物遗传的第一个尝试。这一思想在1944年薛定谔的名著《生命是什么》一书中得到详尽的阐述。薛定谔还提

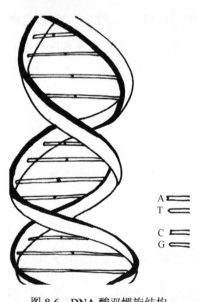

图8.6　DNA酸双螺旋结构

出了遗传物质是一种非周期结构的有机分子，遗传性状以"密码"形式通过染色体而传递等设想。受到薛定谔思想的极大启发，美国的沃森与英国的克里克于1953年提出DNA双螺旋结构模型，从而奠定了分子生物学的基础。分子的相互作用必然涉及其外围电子的行为，而能够精确描述电子行为的手段就是量子力学。因此量子生物学是分子生物学深入发展的必然趋势，是量子力学与分子生物学发展到一定阶段之后相互结合的产物（图8.6）。

地球化学。将化学应用于地学，研

究地球的化学组成、化学作用和化学演化的学科，称为地球化学。

宇宙化学。宇宙化学是研究宇宙物质的化学组成及其演化规律的学科，是应用化学于天文学研究的学科。

我们注意到，这种应用，有一定的方向性，遵循一个"学科等级体系"。可以同级应用或上级学科的成果应用到下级学科中，反之则不可。它们的顺序是：①逻辑学；②数学；③物理学；④化学；⑤天文学、地学和生物学；等等。

前述量子化学是物理学应用于化学；量子生物学是物理应用于生物学；固体物理学是物理学中的基本理论量子力学应用于物理学具体对象晶体学，属于同级应用；地球化学是化学应用于地学；等等。其他的例子，如数学生态学、粒子宇宙学等。

第九章　科学理论的综合

虽然在发现各个具体科学规律的时候，科学家经历和运用了各种可能的不同途径，但是科学发展史表明，"综合"是最后完成新理论体系的一个主要方式。从 16 世纪以后，经典力学、电磁场方程、元素周期律和达尔文的进化论等自然科学的伟大理论的最后完成，都是综合的结果。而相对论力学、大地板块构造理论等，也是综合的结果。

纵观科学史，我们发现，综合可以分为横向综合与纵向综合两大类，它们具有各自不同的特征。

一、横向综合

横向综合：在同一层次上的规律（实验或理论的）已有许多研究成果的前提下，将它们统一起来，形成一个理论体系，我们将它称为横向综合。当然在实际综合过程中，往往会发现已有研究成果还有欠缺，还有矛盾，这就需要把欠缺补上，把矛盾解决，最后用一个恰当的形式完成理论的统一，这就实现了横向综合。

（一）经典力学

意大利伟大的科学家伽利略是近代力学理论的奠基者。1590 年，他出版了《运动的对话》，1638 年，发表了《关于两门新科学的对话与数学证明的对话集》。与过去经院派哲学家讨论质料、目的、形式、自然位置等模糊概念不同，他首先将时间和空间确定为物理学研究的基本概念。他提出，相对于固定在太阳系的坐标系（被称作伽利略系）做匀速直线运动的一切坐标系，对于描述力学过程是等效的，这就是整个经典力学基础的伽利略相对性原理。他定义了匀速运动，引进了加速度的概念。运用实验和推理，伽利略发现自由落体是匀加速运动。为了反驳亚里士多德关于"重物下落比轻物快"的论断，他还提出了一个著名的悖论，从重物下落更快的论断，导出重物下落更慢的结论。结论是，只有假定重力加速度与物体质量无关，才能避免这个矛盾。伽利略用他著名的斜面实验上得出了惯性定律的思想。他还指出，加速度是力作用的结果，这就把力的作用同运动状态的变化联系起来，从而把动力学的研究引上正确的道路。在讨论抛体运动时，他还涉及运动合成原理。这样，惯性原理、力的作用原理、运动叠加原理和相对性原理就被伽利略组织成力学基础的统一整体。

笛卡儿（图9.1）创立了描述物体运动的数学框架——坐标系，解决了运动学的第一问题：描述质点的位置问题。哥白尼又把坐标系固定到太阳系上，成为第一个实用的惯性系。笛卡儿把动量（mv）作为运动的量度，表述了动量守恒定律的思想。他在《哲学原理》中第一个表述了惯性运动定律的严格形式。

图9.1　笛卡儿

在波动光学中有很多建树的惠更斯（图9.2），对力学同样也有重要的贡献。把相对性原理用在碰撞现象上，是他的特色。他提出了非常完善的动量守恒定律的描述。他还发现了完全弹性碰撞中机械能守恒规律。他得到单摆周期的正确公式。他在复摆研究的叙述中，包含了转动惯量和静矩两个概念。我们今天使用的向心加速度的公式，也是惠更斯导出的。

图 9.2　惠更斯

万有引力的发现。伽利略对引力理论的最重要贡献是他发现了重力加速度与质量无关，这个结论后来甚至被吸收到爱因斯坦的广义相对论里。法国天文学家布里阿德于 1645 年第一次提出太阳对行星的作用力与距离平方成反比的思想。英国物理学家胡克早已意识到一切天体都具有倾向其中心的吸引力，不仅吸引其本身各部分，而且也吸引其作用范围内的其他天体，这种引力与地球上物体的重力具有同样的本质。胡克曾经在 1680 年给牛顿的一封信中问道："如果引力反比于距离的平方，行星的轨道将是什么样子。"英国的哈雷和伦恩 1679 年曾经以圆形轨道按照开普勒第三定律和惠更斯的向心力公式，证明作用在行星的引力与他们到太阳的距离的平方成反比。其后 1685 年，牛顿更是证明了引力距离的平方反比关系导致行星的椭圆运行轨道。在这个证明中，明确了在计算天体之间的距离时，可以把星球看作其全部质量集中于中心的质点。1684 年，牛顿定义了质量的概念，探讨了引力与质量的关系。这就把牛顿导向万有引力定律的发现。顺便说一句，关于"苹果落地"导致牛顿发现万有引力定律，只是他的一些同事、朋友和他姐妹的说法，这反映了牛顿当时正在思考引力问题。但根据前边的叙述看，这种说法并不全面或者准确。

1687 年，牛顿（图 9.3）出版了他的经典著作《自然哲学的数学原理》。在这部巨著中，他定义了质量、动量的概念，引入质量作为惯性量度的物理意义，也就是惯性质量，定义了力的概念。牛顿还给出了绝对时空观，为了给他的绝对时空观寻找证据，他还提出了著名的"水桶实验"。在此基础上，牛顿给出了他的机械运动三定律，即惯性定律、加速度定律和作用反作用定律。以此为出发点，他给出了几个推论，其中有力的合成和分解，以及运动叠加原理、动量守恒定律，还把伽利略的相对性原理也作为一个推论给出。书中给出了万有引力的完整形式，引力与两个相互吸引的物体的质量成正比，与两者的距离平方成反比。这也就引入了质量的引力量度的物理意义，也即引力质量。在此书中牛顿叙述了他创立的微积分学的基本要点，微积分是牛顿对力学甚至整个物理学作出的巨大贡献。他还发现了动能定律，首先用力对距离的积分面积来表示功。

牛顿发现向心力场的保守性，并全面研究了有心力运动问题，奠定了位势力场理论的基础，也构成了牛顿理论天文学的基础。牛顿在此书中讨论了介质对物体运动的影响，研究了与速度成正比或与速度平方成正比的运动、阻尼运动、流体静力学问题、液体中的波动过程等。牛顿彪炳千古的光辉经典著作《自然哲学的数学原理》完成了对经典力学的大综合，也是人类自然科学的第一次大综合。

图 9.3 英国物理学家牛顿

（二）麦克斯韦电磁理论

电磁现象研究的酝酿期经历了几个世纪的漫长岁月。大约在 13 世纪的 1269 年，英国人马里古特通过实验认识到磁石具有两极，异性磁极相吸，同性磁极相斥，而且一根磁针断为两半时，每一半又各自成为一根单独的小磁针。1581 年，英国人罗伯特·诺曼发现，磁针可以指南北，还有磁倾角现象。16 世纪末，英国人吉尔伯特通过实验认为，地球是一块巨大的磁石。他还作过多种材料的摩擦生电实验，认识到电也是一种普遍现象，并且第一个引入了"电的"（electric）这个词汇。吉尔伯特把电和磁现象作了比较。他还发明了第一个验电器，极大地方便了以后的电学实验。大约 1660 年，德国人格里凯发明了第一台能够产生大量电荷的摩擦起电机，这也有力地推动了后来的电学实验。大约 1720 年，英国人格雷发现电是可以传递的，他还发现导体和绝缘体的区别。法国的杜菲 1733 年提出，存在两种电性物质，同性相斥、异性相吸。荷兰的马森布洛克，于 1745 年发明了可以储存电荷的莱顿瓶。1747 年富兰克林用莱顿瓶发现了正负电荷以及电荷守恒定律。1752 年富兰克林作了著名的费城实验，将天上的电荷引到地上装入莱顿瓶，统一了天电和地电，并且发明了避雷针。在意大利，1780 年，发明伽伐尼电池，1800 年，伏打电堆试制成功。这些使人们有可能获得稳定的电流。这些理论上和技术上的成果积累，使得人们对电磁现象的精密定量研究逐渐开展。

电荷相互作用的距离平方反比律的发现。1777 年，英国科学家卡文迪许，在实验中发现，带电导体的电荷全部分布在表面上。他以非凡的推理证明，这只有在电荷之间的作用力为平方反比律的情况下才可能出现。1785 年，法国科学家库仑用精密的扭秤建立了著名的库仑定律。此后，18 世纪末到 19 世纪初，在著名数学家拉格朗日、泊松、高斯和格林等的参与下，以库仑定律为基础，建立了静电学中的拉普拉斯方程、电通量的高斯定理、提出静电势的概念和格林定理等，将电学研究提到很高的理论高度。

电和磁之间联系的发现。坚信康德哲学的丹麦物理学家奥斯特在 1820 年发现了电流的磁效应。同一年，法国的安培提出了电流元间相互作用的安培定律和著名的分子电流假设。几乎同时，电流元产生磁场的毕奥-萨伐尔定律也建立。1831 年，法拉第发现了电磁感应现象（电磁感应定律直到 1851 年才建立）。法拉第反对超距作用的概念，提出物体间相互作用是由场近距离直接来传递的，而场是一种实际存在的物质。

库仑定律、毕奥-萨伐尔定律、安培定律、欧姆定律，特别是法拉第电磁感应定律的相继建立，不仅表明电磁学各个局部的规律已经发现，而且表明对电磁现象的研究已经从静止的恒定的特殊情况扩展到运动的变化的普遍情形，已经从孤立的电作用、磁作用扩展到其间的联系。这一切意味着，在 19 世纪中叶，建立普遍的电磁理论，对各种电磁现象提供统一解释的条件已经具备、时机已经成熟，历史的重大机遇呈现在物理学家面前。

在开尔文的建议下，英国物理学家麦克斯韦（图9.4）开始介入电磁场理论的综合性研究。1861年麦克斯韦敏锐地感到，感应电动势实际上应该是由某种（有旋）电场产生的，他称之为感应电场或蜗旋电场，感应电动势等于感应电场的环流量。感应电场的提出，解释了感应电动势的产生的机理，使得电磁理论更加简洁完善，物理图像更加统一明确。这是麦克斯韦对电磁理论的第一个重大假设。另外，麦克

图9.4 麦克斯韦

斯韦分析，高斯定理（库仑定律）、磁高斯定理和安培定律适用于静态或稳态，而法拉第电磁感应定律适用于变化的情形。他发现，高斯定理和磁高斯定理可以自然推广到变化情形，但安培定律必须要增加一项，就是所谓的位移电流，才能推广到变化情形。安培定律增加位移电流项的结果，就是变化的电场也可以产生磁场。这是麦克斯韦对电磁理论的第二个重大假设。这两个假设，既填补了当时电场概念上的空缺，又解决了理论上的矛盾。在此基础上，建立了以他的名字命名的电磁场方程组，再加上介质方程和洛伦兹力公式，一座完整的光辉灿烂的电磁场理论大厦就建立起来了。这是物理学史上又一次伟大的理论综合。

麦克斯韦根据他的电磁场理论，还预言了电磁波的存在，又根据光速和电磁波速相一致的事实，大胆提出了光的电磁波假说。这些都得到后来的物理实验和工程应用的证实。

（三）门捷列耶夫化学元素周期律

由于化学分析法、电解法和光谱分析法等实验手段的进展，到19世纪60年代，人们已经发现了60种化学元素。为了弄清楚这些元素的规律，人们开始

进行分类的尝试。1829年，德国人贝赖纳发现有些元素性质相近，他把它们分成三个一组：锂钠钾、钙锶钡、磷砷锑、硫硒碲和氯溴碘。每一组元素在原子量上有一种算术级数的关系，即中间的元素原子量等于两边原子量的平均值。1862年，法国的肖库士瓦提出著名的按元素原子量排列的元素螺旋图。1865年，英国的纽兰兹发现如果按照原子量递增排列化学元素，每隔8个元素就有重复的物理化学性质出现，称作"八音律"。这已经很接近发现周期律了。

俄国的门捷列耶夫把每种元素的主要性质和原子量写在一张张小卡片上，对当时已知的63种元素反复进行排列，进行比较。发现其中可能有些周期性，但又有些不规律，存在空缺，不太好解释。当他突然顿悟，想到这些空缺应该代表未知元素时，他终于发现了化学元素周期律（图9.5）。1869年，门捷列耶夫正式公布了他的周期律：①原子量大小决定化学元素的基本性质，如果化学元素按原子量递增排列，在性质上会呈现明显的周期性；②利用元素周期表中的空缺可以预言尚未发现的元素，并预测他们的原子量和化学性质；③当知道了某些元素的同类元素之后，可以通过计

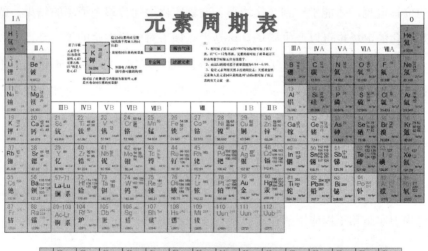

图9.5　门捷列耶夫化学元素周期律

算修订原来测量不准确的原子量。（1894 年以后，惰性元素陆续被发现，门捷列耶夫又为周期表补充了惰性元素族）

几乎在同一时期，德国人迈耶尔也独立地发现了元素周期律。不过迈耶尔的周期律偏重原子量和物理性质的关系，不如门捷列耶夫的周期律那样全面细致。

后来的化学发展史表明，门捷列耶夫预言的 15 种以上的元素，都得到实验证实。化学元素周期律从而取得了巨大的胜利。综上所述，我们可知门捷列耶夫的元素周期律是对当时人们已知化学元素知识的横向综合。

不过由于时代和科技水平的限制，门捷列耶夫并没有解释清楚"为什么化学元素具有周期律"的深层原因。直到 20 世纪 30 年代，原子的行星结构和电子壳层结构理论建立，特别是量子力学的成就，才为化学元素周期律提供了坚实的理论基础。

（四）达尔文的进化论

物种变化的朦胧思想古已有之，古希腊就有陆地动物是从鱼类进化而来的思想。到 18、19 世纪，随着地质学、比较解剖学、古生物学、生理学、胚胎学和细胞学取得了巨大的发展，在欧洲具有生物进化思想的人逐渐多起来。其中法国学者罗比耐提出，生物进化是在一个完整的物种阶梯上的不断上升；法国的沃尔弗注意到不同物种的胚胎比成年动物要近似得多；德国人梅克尔设想一个物种可以从另外一个物种进化而来，高等动物在胚胎发育中重演了它们的物种进化过程；此外，俄国胚胎学家冯·贝尔、达尔文的祖父伊拉兹马斯·达尔文，以及法国人圣提雷尔和德国哲学家奥肯等，都有生物进化的思想。

1800 年左右，法国生物学家拉马克发现了无脊椎动物构造和组织上的级次，随后他又把脊椎动物分成四个纲，即鱼类、爬虫类、鸟类和哺乳类，他把这个阶梯看作是动物从简单的细胞机体过渡到人类的进化次序（图 9.6）。1809 年，他发表了著名的《动物学哲学》，明确提出了动物种类的进化序列。拉马克肯定了环境对物种变化的作用。提出两个著名的原则，即用进废退和获得性遗传。这是历史上第一个系统的生物进化理论。不过拉马克的这两个原则受到科学界的强烈质疑。

图 9.6　生物的进化

　　青年时代的达尔文，曾经十分关注神创论者和拉马克支持者之间的辩论，这为达尔文学习和思考生物进化思想提供了极好的课堂。在达尔文的学术生涯中，1831 年开始随"贝格尔"号军舰的环球考察，是关键性的，决定了他一生的事业。为期 5 年的环球考察，达尔文登高山、进密林、上孤岛，以一个博物学家和地质学家的视角，详细地考察了南美洲和太平洋中许多岛屿的动植物以及地质矿产等方面的情况，掌握了极为丰富的第一手资料。这更加坚定了他的物种进化的观点。

虽然前人积累了许多知识，而他自己的环球考察又进一步发现了许多规律。不过他认为"物种怎样进化"才是关键，只有解决了物种怎样进化的问题，生物进化才能成为科学理论。到 1837 年，达尔文认识到人工培育的植物品种进化的关键是人工选择。但是在自然界里物种又是怎样进化的呢？1838 年，达尔文受到马尔萨斯的人口论生存竞争的启示，提出了关键的"物竞天择、适者生存"的自然选择进化机制，这就奠定了他的生物进化理论的基石。达尔文在 1859 年出版的巨著《物种起源》一书中系统地阐述了他的进化学说。

达尔文进化理论的主要观点是：①生物是进化的，各种生物都有一个共同的祖先；②生物的进化是一个连续的过程，即种系的发生是一个线性的渐变过程；③生物进化的动力源于"自然选择"，即适者生存，不适者被淘汰。

可以说，达尔文的进化论是他对当时有关生物进化知识的横向综合。

二、纵向综合

纵向综合：当一个已有理论体系的基本原理被推广，或有了新的突破性进展时，该理论就可能在新原理的基础上发展成为一个更加完善、更加深刻的新理论体系，我们将这个过程称为纵向综合。这是作者提出的概念。

（一）相对论力学

经典力学的基础是伽利略时空变换，在伽利略变换下，经典力学规律的形式不变。也就是说，在不同的惯性参考系中，力学规律是相同的。不管你是站在地上，或者是站在汽车上，甚至飞机上，力学规律都应该是一样的。根据伽利略变换，在不同参照系中，同一物体的速度不同。但是到了 1886 年，由于麦克斯韦电磁场理论的建立，以及其后的大量精密实验，人们发现光或者电磁波的速度与参照系无关，这样理论和实验与伽利略变换就产生了巨大矛盾，最后导致了人们放弃伽利略变换，而改用洛伦兹时空变换。在洛伦兹变换下，麦克斯韦电磁方程组的形式不变，也就是在不同的惯性系中，电磁学规律相同，而且光或者电磁波的速度不变，这就是狭义相对论的时空观。

但是旧的矛盾解决，又产生新的矛盾，在伽利略变换下保持不变的经典力学规律，在洛伦兹变换下必定不能保持不变。这意味着在洛伦兹变换下，经典力学规律的形式会随着参照系而变，这是物理学家不能接受的。因此需要对经典力学作必要的改造，使之符合洛伦兹变换下不变的要求。

爱因斯坦完成了这个改造。他从洛伦兹变换出发，导出了符合洛伦兹变换的全部力学规律，这就是相对论力学。

综上所述，狭义相对论的建立，经典力学的基础伽利略时空变换，被洛伦兹时空变换所代替，于是经典力学需要被重新改造，使之符合洛伦兹变换，发展为相对论力学。这种发展过程就是一种纵向综合的过程。

需要说明的是，常常有人说"相对论力学推翻了经典力学"，这是不准确的。应该说相对论力学发展了经典力学，相对论力学能够适应高速、高能的条件，而经典力学则是相对论力学在低速、低能条件下的极限形式。在低速、低能条件下，经典力学仍旧是正确的，它仍旧是今天大量工程计算的基础，没有人会使用相对论力学来设计飞机大炮之类，即使是那样，也不会有新的东西产生。只有在设计粒子加速器这样的涉及高速运动物体的装置，以及涉及核反应堆、核爆炸，才会使用，也必须使用相对论力学。

（二）广义相对论

广义相对论是对狭义相对论的纵向综合。

经典力学认为，对于一切惯性系，力学规律都应该是不变的。爱因斯坦把它推广，提出狭义相对性原理，认为对于一切惯性系，不仅力学规律，而且所有物理规律都应该是不变的。由于狭义相对论的巨大成功，爱因斯坦信心满满，又进一步把狭义相对性原理推广，认为不仅对于惯性系，而且对于一切参考系，包括惯性系和非惯性系，物理规律都应该是不变的。这就是广义相对性原理。

显然，爱因斯坦把狭义相对论的基础作了推广，以此来建立新的理论。但这样一来，新的矛盾产生了：在非惯性系中会出现惯性力，它是什么性质？如何处理？其实爱因斯坦早就胸有成竹。他猜测，惯性力和引力具有相同性质。因为几百年来，物理学家已经注意到，并且用精密的实验不断证明，物体的引力质量和惯性质量是高度一致的。于是爱因斯坦又提出等效原理：加速度引起的惯性力，以及由物质引起的引力是等价的。

用广义相对性原理和等效原理，爱因斯坦对狭义相对论进行了改造，建立了广义相对论。所以说，广义相对论是对狭义相对论的纵向综合。

（三）板块构造理论

英国人法兰西斯·培根在 1620 年提出南北美洲曾经与欧洲和非洲连接的可能性。1668 年法国普拉赛认为在大洪水以前，美洲与地球的其他部分不是分开的。到 19 世纪末，奥地利地质学家修斯注意到南半球各大陆上的岩层非常一致，因而将它们拟合成一个单一大陆，称之为冈瓦纳古陆。1912 年阿尔弗来德·魏格纳正式提出了大陆漂移学说（图 9.7），并在 1915 年发表的《海陆的起源》一书中作了论证。

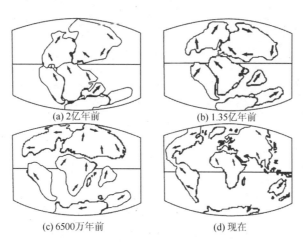

图 9.7　魏格纳的大陆漂移学说示意图

魏格纳首次提出大陆漂移观点时，许多证据来自他对古气候的研究。他注意到，各大陆上存在某一地质时期形成的岩石类型出现在现代条件下不该出现的地区。比如，在极地区分布有古珊瑚礁和热带植物化石，而在赤道地区发现有古代的冰层。运用"将今论古"的原则，魏格纳把冰川活动的中心放在当时的旋转极附近，而珊瑚礁和蒸发岩分布的地带放在赤道附近，用这种方法确定了各大陆当时的古纬度。对古纬度和现代纬度的比较，魏格纳得出了大陆漂移的结论。但是由于他不能更好地解释大陆为什么能够漂移的机制问题，另外由于学术界传统观念认为大地是立在坚硬的岩石之上，当时大陆漂移学说曾受到地质学家和地球物理学家的反对、蔑视，甚至嘲笑。

20世纪60年代，两位英国海洋地质学家赫斯和迪茨发现大洋底部有"海底扩张"的现象。他们用现代技术测定，在太平洋洋底，海岭两侧的地壳向外扩张的速度是每年5～7厘米，在大西洋是每年1～2厘米。大洋底部的地壳面貌大约经过二三亿年的变迁，就会发生一次更新式的巨大变化。海底扩张的现象的发现解决了大陆漂移的机制问题，是对大陆漂移学说的有力支持（图9.8）。

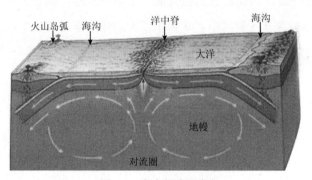

图 9.8　海底扩张现象

在大陆漂移学说和海底扩张学说的理论基础上，又根据大量的海洋地质、地球物理、海底地貌等资料，经过综合分析，法国科学家勒比雄和美国的摩根于1968～1969年提出板块构造学说（图9.9）。该理论进一步把陆地和海底统一起来考虑，认为洋底和陆地都是岩石圈的一个组成部分，相对刚性的板块块体漂移在上地幔的塑性软流层上，因地幔流对流、海底扩张的驱动，各自作大规模的水平运动，板块构造学说进一步阐明了海底扩张的原因。

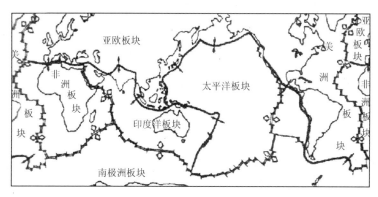

图 9.9　大地板块构造示意图

板块构造学说是一个更加完善、更加深刻的地球构造动力学说，因此可以看作是对大陆漂移学说、海底扩张学说的纵向综合。

（四）现代综合进化论

达尔文的进化论利用环境条件长期作用于微小的遗传的变异的自然选择学说来解释生物的进化，很有说服力。但因历史和科学的条件所限，他对生物进化理论所依赖的基础，即物种变异的起源、遗传的规律，还缺乏了解，也就无法合理解释自然选择，因此受到科学界的许多质疑。甚至在 20 世纪的上半叶，达尔文的自然选择理论几乎被科学界所抛弃，成为所谓的"达尔文主义的日蚀"！

1900 年，孟德尔遗传定律被重新发现，开始弥补了达尔文学说的缺陷。20 世纪 20～30 年代，苏联、英国和美国的一些学者又创立了群体遗传学。这就为发展达尔文的进化论提供了基础。美籍俄裔学者杜布赞斯基（图 9.10）将自然选择学说与现代遗传学结合起来，创立了现代综合进化论。

图 9.10　杜布赞斯基

现代综合进化论又称现代达尔文主义，或新达尔文主义。它将达尔文的自然选择学说与现代遗传学、古生物学，以及其他学科的有关成就综合起来，用以说明生物进化、发展的理论。它的代表著作是 1937 年出版的、美籍俄裔学者杜布赞斯基的《遗传学与物种起源》一书。

现代综合进化论的基本观点是：①基因突变、染色体畸变和通过有性杂交实现的基因重组合是生物进化的原材料。②进化的基本单位是群体而不是个体；进化是由于群体中基因频率发生了重大的变化。③自然选择决定进化的方向；生物对环境的适应性是长期自然选择的结果。④隔离导致新种的形成；长期的地理隔离常使一个种群分成许多亚种，亚种在各自不同的环境条件下进一步发生变异，就可能出现生殖隔离，形成新种。

现代综合进化论用现代遗传学解释、充实和发展了达尔文的"物竞天择、适者生存"的自然选择进化机制。所以说，它是对达尔文进化论的纵向综合。现在在进化论方面处于主导地位。

第十章　理想模型方法

任何客观事物，都有其复杂性、多面性。对客观事物的研究，不可能面面俱到。必须选择其主要方面、提取其主要特征进行研究。这体现在科学研究上，就是理想模型方法。理想模型是建立理论的概念基础和出发点，没有理想模型就不可能建立理论。关于理想模型方法，实际上应该有两个阶段：一是从实际事物中提取理想模型；二是在理想模型基础上确定规律和建立理论。不过正如许多研究的实际过程一样，这两个阶段，也往往是交叉进行的。

物理学中理想模型具有非常重要的地位，最常见的理想模型有点电荷、质点、刚体、理想气体、理想流体、绝对黑体、谐振子等。

一、点电荷

在电学研究中，实际的带电体都是有大小、有形状的，电荷也是有一定的分布方式，如果完全考虑这些因素，会很麻烦，其结果也不能展现主要特征。但如果带电物体的尺度大小 d 和电荷与观察测量者间的距离 l 相比很小，也就是如果 $d \ll l$，则该带电物体就可以看作是没有大小的点电荷。有了点电荷的概念，就可以建立非常简洁的库仑定律、洛伦兹力定律。

反过来，有了点电荷的概念，又可以把连续分布电荷体的一个无穷小体积内的电荷，即所谓电荷元看作点电荷，通过积分解决分布电荷的库仑力与洛伦兹力问题。

对于一个有限大小、不同部位带有等量相反电荷的物体，如果在远处测量，则可以当作由一对正负点电荷组成的电偶极子（图 10.1）。

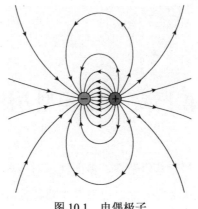

图 10.1　电偶极子

二、质点

在力学研究中，情形也是相似的。如果物体的尺度和物体与观测者间的距离相比很小，该物体就可以看作是没有大小的质点。质点的概念，是质点动力学研究的对象，是力学的基础。万有引力定律也是以质点概念为基础的。

同样，有了质点的概念，也可以将连续分布物质内一个无穷小体积，即所谓体积元中的质量看作质点，从而通过积分解决分布质量物体的引力和惯性问题。

三、刚体

在力学研究中，对于某一个过程，如果物体内任意两个点之间的距离始终都可以视为保持不变，则这个物体就可以看作刚体。许多实际的物体，如钢铁、玻璃，往往可以当作刚体，有时塑性体也可以看作刚体，甚至液体和气体，在一定的条件下，只要其中任意两点之间的距离近似不变，在考虑其整体运动时，

图 10.2　缓慢转弯的飞艇，也可看作刚体

都可以看作刚体（图 10.2），因此刚体动力学就有了很大的用场。

四、理想气体

如果把气体分子看作是一些没有大小的质点，而任意两个分子之间除了碰撞时刻外，没有相互作用力，则这种气体称作"理想气体"。可以证明，理想气体遵从克拉珀龙方程。实际的气体，在比较稀薄的情况下，都可以看作理想气体；在比较稠密的情况下，也可以在理想气体的基础上作一些修正。

五、理想流体

在流体力学研究中，如果某个过程，可以不考虑流体的黏性，可以不考虑流体的压缩性，则称该流体为理想流体。理想流体遵从相对比较简单的伯努利方程。在许多场合下，理想流体应用比较方便，结果也可接受。

六、绝对黑体

在热力学研究中，如果可以将某个物体对外来热辐射的吸收率近似看作百分之百，则称该物体为绝对黑体。绝对黑体有很多特殊的性质，满足普朗克辐射公式，为热力学研究提供了一个非常基本的模型。

七、准静态过程

如果一个热力学过程进行得足够慢，以至于在其中的每一步，系统都可以看作近似的平衡态，如压强基本一致，温度大体相同，则这个过程就称作准静态过程。因为平衡态是热力学中研究得最透彻的对象，所以准静态过程是一个比较容易研究的过程。

八、谐振子

如果一个物体可以看作质点，而所受的是胡克力（$f=-kx$，其中 x 是质点对平衡位置 o 的偏离，负号表示力的方向与偏离的方向相反），则这个物体就构成谐振子（图 10.3）。谐振子的运动解符合简单的正弦函数。谐振子是力学里最基本的振动模式，也是电磁学、量子力学等其他领域的基本研究对象。

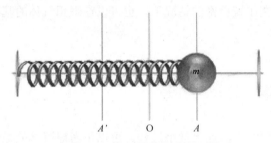

图 10.3　质点和弹簧构成的谐振子

可见，理想模型实际上是实际事物的一种抽象，提取其中的主要特性，忽略次要因素。当科学家提取理想模型时，就确定了他的研究对象，就向建立理论的过程迈出了关键的一步。前面我们说过，理想模型才是我们主要的研究对象。科学家提取理想模型的能力，也是其科学研究能力的一种体现。

物理学中，还有许多理想模型，如电力线、磁力线、原子结构的汤姆生果冻模型或卢瑟福小太阳系模型，都是物理学家抽象思维和形象思维结合的生动事例。在数学中，数、点、线、面等概念，某种意义上，也都可以看作是高度抽象的理想模型，是数学研究的对象。

其他学科领域也有自己的理想模型。

九、顶级群落

在森林生态学中，有一个所谓"顶级群落"的概念，就是一个理想模型。它是指生物群落经过一系列演替，最后所产生的保持相对稳定的群落，它是生态演替的最终阶段，是最稳定的群落阶段，其中各主要种群的出生率和死亡率达到平衡，能量的输入与输出以及生产量和消耗量（如呼吸）也都达到平衡。

例如，在水陆交界或湖泊边缘出现的水生演替系列，常以沉水植物群落开始，经浮水植物、挺水植物、湿生草本植物、灌丛疏林植物等过渡群落阶段，最后发展成与当地气候相适应的森林群落，即为该地区的顶级群落。这个阶段的群落，被看作是一种稳定的、自我维持的、成熟的生物群落。

不仅在自然科学领域，而且在工程领域也有理想模型。

十、理想变压器

基础科学中的这种理想模型方法，有时甚至也被用在工程技术领域。电工学里的"理想变压器"就是一例，这是电工学中抽象出来的理想模型。如果一个变压器，其输入端和输出端的电压成正比，且线圈没有磁漏、导线没有焦耳热损、铁芯没有涡流和磁滞损失，它的作用就成为纯粹的"变压"，则这个变压器称为理想变压器。理想变压器有利于电路的数学模型的建立，使得电路的理论研究成为可能。

第十一章　理想实验方法

最早提出理想实验概念的是意大利伟大物理学家伽利略。在自然科学的理论研究中，理想实验具有重要的作用。作为一种抽象思维的方法，理想实验可以使人们对实际的科学实验有更深刻的理解，可以进一步揭示出客观现象和过程之间内在的逻辑联系，可以在真实实验达不到的地方得出重要的结论。作理想实验，除了深刻了解所研究的物理问题之外，还需要极强的想象力和逻辑思维能力。

一、伽利略的自由落体理想实验

亚里士多德的自由落体速度取决于物体的质量的理论，曾经影响世界1000多年。伽利略构造了一个简单的理想实验，来反驳这个理论：根据亚里士多德的逻辑，如果将一个轻的物体和一个重的物体绑在一起，从塔上扔下来，那么重的物体下落的速度较快，轻的物体下落速度较慢。其理由是，轻的物体对重物会产生一个阻力，使得下落速度变慢。但是，从另一方面来看，两个物体绑在一起以后的质量应该比任意一个单独的物体都大，那么整个系统下落的速度应该更快。这就产生了一个矛盾，伽利略用这个理想实验中的逻辑矛盾证明了亚里士多德理论的错误。

二、伽利略的斜面理想实验

经典力学的惯性定律可以表述为：一切物体在没有受到力的作用时，总保持匀速直线运动状态或静止状态，除非作用在它上面的力迫使它改变这种运动状态。显然这是一个无法直接验证的定律，因为任何人都无法做到使物体绝对不受力，它实际上是理想实验的一个重要结论。伽利略曾注意到，当一个球从一个斜面上滚下而又滚上第二个斜面时，球在第二个斜面上所达到的高度同它在第一个斜面上开始滚下时的高度几乎相等。伽利略断定高度上的这一微小差别是由于摩擦而产生的，如能将摩擦完全消除，高度将恰好相等 [图 11.1 (a)]。然后，他推想，在完全没有摩擦的情况下，球在第二个斜面上总要达到相同的高度，因而如果第二个斜面的倾斜度越小，则小球滑动得越远 [图 11.1 (b)]。这样，如果将第二个斜面的倾斜度逐渐减小为零，那么球从第一个斜面上滚下来之后，将以恒定的速度在无

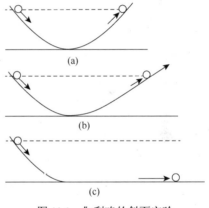

限长的平面上永远不停地运动下去 [图 11.1 (c)]！这个实验是无法实现的，因为永远也无法将摩擦完全消除掉。所以，这只是一个理想实验。但是，伽利略由此而得到的结论，却打破了自亚里士多德以来 1000 多年间关于"物体受力才运动"的错误观念，为近代力学的建立奠定了基础。后来，这个结论被牛顿总结为运动第一定律，即惯性定律。

图 11.1　伽利略的斜面实验

三、牛顿的理想抛体实验

1685 年，牛顿完成了他的论文《论物体的运动》，文中提出了著名的抛体运动的理想实验，说明了行星在向心力的作用下为什么会保持轨道运动，进而阐明了万有引力的思想。他设想，在地面上抛掷物体，由于重力的作用，物体总会落回地面。不过投掷速度越大，物体会落得更远。那么当投掷速度足够大时，物体回落的距离超过了地球的尺度，此时，物体就

不会落回地面，而是环绕地球旋转，正如天体的运行。这样，牛顿就通过这个理想实验把地面上的重力，跟空间的万有引力统一起来。

四、马赫的水桶理想实验

为了证明绝对参照系的存在，牛顿曾经在其名著《自然哲学的数学原理》里提出一个水桶实验。他说，如果一个水桶里面盛有水，水和水桶之间具有相对旋转运动，怎样确定是水在转，还是水桶在转呢？他指出，如果是水桶在转而水静止，则水的表面是水平的；反之，如果水在转则水的表面会呈现弯曲形状。牛顿的这个实验可以实施，结果也是正确的，因此这是一个真实的实验。但奥地利物理学家马赫否认有绝对时空存在，认为一切运动都是相对的，任何参照系都离不开物质的作用。他设想，如果把水桶的壁加厚、不断地加厚，一直加厚到宇宙尺度，水桶的质量具有星系的数量级，则与水桶固定的参照系就成为惯性系了，水和水桶之间的任何相对运动，都是水的旋转，水面都应该呈现弯曲。马赫这个理想实验表明不存在绝对参照系，任何参照系都跟物质分布有关。马赫的这个思想后来被爱因斯坦所采纳，吸收到广义相对论里。

五、爱因斯坦的升降机理想实验

在经典力学中，有两个质量的概念，一个是惯性质量，由牛顿第二定律导出；另一个是引力质量，由万有引力定律导出。二者从概念上讲有本质的不同，但数量上却惊人的一致。这种一致性经受住了历史上最精密实验的考验，不由得使人怀疑惯性质量和引力质量二者是否具有内在的同一性。这个事实使得爱因斯坦设想了一个升降机理想实验（图11.2）。他假定试验者在没有窗户的自由下落的升降机里，会发现人和物体都自由漂浮。但试验者无论用任何物理实验也无法判断，这种情况到底是因为没有引力存在，还是因为电梯处于自由下落的状态中［图 11.2（a）］。反之，假定电梯与地球相对静止，试验者会发现人和物体都紧贴电梯的地面，他无论用任何物理实验也无法判断，这种情况是因为有引力存在，还是因为电梯在作向上的加速运动［图 11.2（b）］。这个理想实验表明，惯性力和引力具有内在的同一性。这个理想实验导致了广义相对论"等效原理"的诞生。

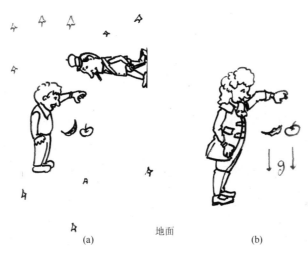

（a）　　　　　地面　　　　　　（b）

图 11.2　爱因斯坦升降机自由下落理想实验

六、海森伯的电子束单缝衍射实验

在量子力学中，海森伯用来推导测不准关系的所谓电子束的单缝衍射实验，其实这也是一种"理想实验"。因为，中等速度的电子的波长约为 10^{-8} 厘米，这跟原子之间的距离属于同一个数量级。显然不可能人工制造这个尺度的单缝。因而，只有让电子束穿过原子之间的空隙，才会发生单缝衍射。但是，首先必须做到把单缝周围的所有原子之间的空隙都给堵死，才能制成能够使电子发生衍射的单缝。实际上这是做不到的。在真实的实验中，人们只能做到电子的原子晶格衍射实验，而无法实现电子的单缝衍射实验。所以，海森伯的电子单缝衍射实验，只能是一个理想实验（图 11.3）。

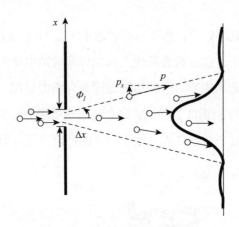

图 11.3　电子单缝衍射理想实验

　　科学史上的理想实验还有很多，如牛顿的"理想抛体实验"，麦克斯韦的"麦克斯韦妖"理想实验，爱因斯坦的"光子箱"理想实验，薛定谔的"薛定谔猫"理想实验等，在科学发展史上起到了极其重要的作用。有兴趣的读者可以参考有关文献。

第十二章 科学家的类型

科学的基础是实验，科学的主体是理论。科学家的类型也主要是实验型和理论型的，以及二者的结合。在科学发展的早期，特别是地学、生物领域，需要发现地球大尺度的分布特征和积累生物多样性的知识，诞生了探险发现型科学家和博物型科学家。即使在现代，探险发现型科学家也还是需要的，因为南北极、洋底大海沟、山脉大裂谷，以及一些洞穴、暗河还需要探险考察研究。生态学的研究也还是离不开博物型的科学家，因为生态学家需要对森林、草原、海洋、高原等的大尺度对象的实际情况进行考察，对未知的问题作出分析、判断。探险发现型科学家和博物型科学家，本质上也是实验型或理论型科学家，他们主要是在野外实验和观察，并提出自己的或验证别人的理论假说。

每一种类型的科学家都有自己的特点和特长，研究科学家的类型，可以帮助做科研的人选择自己的位置，并且学习各类型科学家的研究方法和长处。

一、探险发现型科学家

在传统观念里，这类科学家其实许多是航海家、登山家类型的探险家。因为他们往往探索和发现了新的世界，所以我们把他们也归结为科学家。

哥伦布，意大利航海家，也是一个殖民者。他一生从事航海活动，相信大地球形说，认为从欧洲向西航行可到达东方的印度。在西班牙国王支持下，先后4次出海远航（1492～1493年，1493～1496年，1498～1500年，1502～1504年），开辟了横渡大西洋到美洲的航路。先后到达巴哈马群岛、古巴、海地、多米尼加、特立尼达等岛。在帕里亚湾南岸首次登上美洲大陆，发现了美洲新大陆，使人类对地球有了全新的认识（图 12.1）。

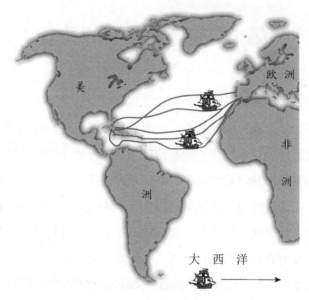

图 12.1　哥伦布发现新大陆航线

麦哲伦，葡萄牙探险家，为西班牙政府效力探险。1519～1521 年率领船队环航地球，他本人死于与菲律宾当地部族的冲突中。虽然他没有亲自完成环球航行，但他船上余下的水手却在他死后继续向西航行，回到欧洲，实现了人类历史上首次环球航行，证实了地球是球形的，并进一步了解了全球的地理情况。

皮尔里，美国探险家。1909 年，皮尔里组织了一支精悍的探险队，向北极进行探险，最后由皮尔里和一名黑人助手马修·汉森向北极冲击。他们于 4 月 6 日到达北极。他被公认为是第一个到达北极点的人。皮尔里的北极探险以无可辩驳的事实证明了从格凌兰到北极之间不存在任何陆地，整个北极都是一片坚冰覆盖的大洋！

阿蒙森，挪威极地探险家。1910 年 6 月乘"前进"号从挪威出发，1911 年 1 月 3 日到南极大陆的鲸湾，1911 年 10 月 20 日阿蒙森与 4 个同伴乘狗拉雪橇向南极进发，12 月 14 日成为世界上第一个到达南极点的人。

因为探险发现型科学家所从事的事业大都具有极大的风险，所以他们必然也必须都是极其勇敢而且具有为科学不怕自我牺牲的人。

二、博物调查型科学家

19 世纪之前，博物学家是指对动物学、植物学、矿物学、生理学等自然科学博通的专家。在自然科学的早期阶段，科研往往是从博物知识的积累开始的。到近现代，生态学家和地质学家也是这种类型，需要用大量野外调查作为研究的基础。

上文，我们曾经提到达·芬奇，他是意大利天才的画家、寓言家、雕塑家、发明家、哲学家、音乐家、医学家（图 12.2）、生物学家、地理学家、建筑工程师和军事工程师。他主张认识起源于实践，并积累和观察各种标本，研究各种问题，在力学、解剖学、生理学、飞行器等领域都有开拓性贡献，是科学史上的奇才。可以说，达·芬奇的研究涉及自然科学的每一部门，他的思想和才能深入到人类知识的各个领域。达·芬奇是世界上少有的全面发展的学者，他在自然科学各个方面都作出了巨大的贡献。

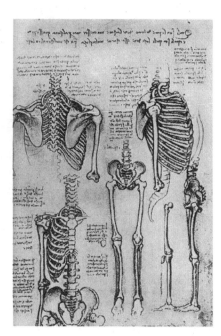

图 12.2　达·芬奇骨骼手绘图

把达·芬奇归类于博物学家绝对是可以的。

达尔文，英国科学家。他本人首先是个博物学家，也是生物学家。他的物种进化论学说在很大程度上是建立在对生物变异和地理分布的观察及研究的基础上的。他乘贝格尔号舰作了历时 5 年的环球航行，对动植物和地质结构等进行了大量的观察和采集，出版划时代的著作《物种起源》，提出了生物进化论学说。

三、理论型科学家

理论型科学家具有极强的理论直觉、科学思路非常清晰、具有发现问题和提出问题的能力、具有综合已有成果建立新理论的能力；数学功底深厚，或者能够寻找和学习合适的数学工具，甚至创造数学工具。这类科学家往往集中在物理学界，我们称为理论物理学家（图 12.3）。

图 12.3　20 世纪 30 年代的伟大物理学家

图中第一排左二为普朗克，左四是洛伦兹，左五是爱因斯坦；第二排右一是玻尔，右二是玻恩，右三是德布罗意，右六是狄拉克，最后一排右三是海森伯，右六是薛定谔。

英国的牛顿，物理学家。他归纳了运动三定律，建立了万有引力定律，创立了微积分，建立了宏伟的经典力学体系；对于光学也有重要贡献。1687年的巨作《自然哲学的数学原理》，开辟近代大科学时代。

麦克斯韦，英国物理学家。建立了电磁场方程的理论体系，预言电磁波的存在，提出光的电磁波假说，对统计物理学也有重要贡献。

爱因斯坦，德国物理学家。建立了布朗运动的理论，提出光量子理论，建立描述大能量物理的狭义相对论，建立描述大质量物理的广义相对论，提出光子的受激辐射理论，是 20 世纪最伟大的物理学家。

薛定谔，奥地利物理学家。建立了薛定谔方程，创立了量子力学，出版《生命是什么》，指出了分子生物学的研究方向。

狄拉克，英国物理学家。他是量子力学创始人之一，建立了相对论量子力学，提出了电子自旋理论，预言了正电子；提出正负能量、正反物质理论；建立了费米-狄拉克统计的理论；建立了量子电动力学、量子场论。

杨振宁，美籍华裔物理学家。他最重要的研究成果是非阿贝尔规范场理论，杨-Baxter 方程，弱相互作用宇称不守恒（和李政道合作，获得 1957 年诺贝尔物理学奖）。特别值得一提的是，华裔物理学家杨振宁被国际科学界誉为是继爱因斯坦和狄拉克之后对 20 世纪物理学最有影响的人。这主要是因为他在 1956 年提出的"非阿贝尔规范场"理论，成为后来所有基本粒子理论必须要遵守的基本框架。

温伯格，美国物理学家。1979 年因基本粒子弱作用和电磁作用统一理论与格拉肖和萨拉姆分享当年诺贝尔物理学奖。弱电统一理论现已为许多实验所证实，它使现存的四种基本相互作用（引力、电磁力、弱作用力和强作用力）实现了部分统一。

除了理论物理学家之外，还有其他一些理论型科学家。

马丁·卡普拉斯，美国理论化学家。因为给复杂化学体系设计了多尺度模型而获 2013 年诺贝尔化学奖。理论化学是运用理论计算而非实验方法研究化学反应的本质问题，主要以理论物理为研究工具（如热力学、量子力学、统计力学、非平衡态热力学等），并且大多辅以计算机模拟。

克莱门茨，美国理论生态学家。1916 年他提出森林演替理论，就是在同一个地段上，一种森林群落变为另一种森林群落更替的现象。广义的森林演替是从裸地开始的，由简单的先锋植物入侵、定居，逐渐改变环境条件，导致后继植物入侵、定居，形成新的群落，经过不同植物群落的更替、发展，最后形成复杂而稳定的森林顶级群落的过程。

斯坦利，英国理论生态学家。1935 年，他提出生态系统的概念。生态系统指由生物群落与无机环境构成的统一整体。生态系统的范围可大可小，相互交错，最大的生态系统是生物圈，最为复杂的生态系统是热带雨林生态系统，人类主要生活在以城市和农田为主的人工生态系统中。生态系统是生态学领域的一个主要结构和功能单位，属于生态学研究的最高层次。

威廉·邦奇，美国理论地理学家。他把数学应用到地理学中，涉及交通路线、城市规划、市场定位等问题。理论地理学是研究各种地理现象和过程在统一基础上所遵循的总体的普遍性规律的学科，进而探讨学科的哲学内涵和方法论。

四、实验型科学家

这种类型的科学家，除了对于本专业领域的学术动向很熟悉之外，还有很强的动手能力，以及综合能力。他们一般是潜心钻研某一种或几种实验技术，目的主要是验证别人的理论假说，或者发现某种现象和规律，测量某种参数，自己基本不作或很少作理论研究。

图 12.4　物理学家赫兹

德国物理学家赫兹（图 12.4）。1888年，他通过实验验证了麦克斯韦的电磁波假说、光是电磁波的假说，更为无线电报、广播、电视和雷达的发明提供了物理基础。他还发现了物质表面的光电效应，这最终导致了爱因斯坦的光量子理论的诞生。不过赫兹也具有相当的理论功底，麦克斯韦电磁方程组的现代形式就是赫兹改写的。

美国物理学家迈克耳孙。他以毕生精力从事光速的精密测量，他创造的迈克耳孙干涉仪对光学和近代物理学是一个巨大的贡献。1887 年著名的迈克耳孙-莫雷干涉实验否定了以太的存在，最终证实了光速不变的现象，为狭义相对论打下坚实的实验基础。迈克耳孙于 1907 年获诺贝尔物理学奖。

美国物理学家康普顿。他是以他名字命名的康普顿效应的发现者，实验证明光量子具有动量、光量子的碰撞过程也遵守能量守恒和动量守恒，他用狭义相对论解释了康普顿效应。他是世界上第一个用狭义相对论解释物理现象的人。

美国物理学家密立根。他用巧妙的液滴实验测量了电子电量，他也测量了普朗克常量。由于他在测定电子电荷以及光电效应的出色工作被授予 1923 年诺贝尔物理学奖。

沃森和克里克。前者是美国生物学博士，后者是英国物理学博士。他们通过 X-射线衍射实验确定了 DNA 的分子结构，找到了生物遗传信息的真正所在，开创了分子生物学的新纪元。他们获得了 1962 年诺贝尔生物学奖。

美国华裔物理学家吴剑雄。验证了李正道、杨振宁提出的弱作用下宇称不守恒的假说。

五、实验理论综合型科学家

实验理论综合型科学家，具有对科学深刻的理解，既能以别人想不到的方法进行实验研究，更能对科学问题提出大胆的理论。

伽利略，意大利物理学家。他开拓实验物理之先河、提出运动定律、自由落体实验、发现摆的等时性、最先设计理想实验、发明天文望远镜进而发现了许多天体。他的贡献是全面的、深刻的，被称为"近代科学之父"。

惠更斯，荷兰物理学家。他建立经典力学的动量守恒定律，提出向心力公式。他也是光的波动学说的代表人物，著名的惠更斯原理是光的波动理论的基础。

英国物理学家法拉第。他通过实验发现了电磁感应现象，提出磁力线和电力线的概念，建立了场的概念，发现磁致旋光效应。他还发明了世界上第一个电动机和第一个发电机，也是一位伟大的科学家型的发明家。

门捷列耶夫，俄国化学家。他提出了著名的化学元素周期律，使得元素化学获得了突飞猛进的发展。

孟德尔，奥地利生物学家。提出遗传学：通过豌豆实验，发现了遗传规律、分离规律及自由组合规律。

费米，意大利物理学家。他对于中子物理有重要贡献，提出中子 β 衰变理论，后者是第一个弱相互作用的理论。他还对统计物理学有重要贡献，提出费米统计。他对核能的开发利用作出了开拓性的贡献，提出了链式反应理论，在美国的曼哈顿计划中，他领导建成了世界上第一个核反应堆。

法国化学家拉瓦锡。他是近代化学奠基人之一，他用实验验证并提出质量守恒定律，他反对热素说，提出了燃烧作用的氧化学说。他还提出了沿用至今的化学命名体系。他所提出的新观念、新理论、新思想，为近代化学的发展奠定了重要的基础，因而后人称拉瓦锡为"近代化学之父"。

道尔顿，英国化学家。在19世纪初把原子假说引入了化学，提出原子论，开启了近代化学之门。发现化合物的倍比定律。最先从事测定原子量工作，并发表第一张原子量表。1801年提出气体分压定律。

从根本上说，前述探险型和博物型科学家也应该属于实验型。但是假如他们同时还能提出新的理论假说，他们也属于实验和理论结合型。只是他们的实验不在实验室，而是在大自然。

六、计算机实验型科学家

随着计算技术（硬件、软件和计算方法）的高度发展，许多科学理论的规律可以在计算机上逼真地再现，因此在理论规律成熟的前提下，可以用计算机实验来完成以前需要用很多精力、财力才能实现的实验。

　　许多以前需要作近似计算和实验验证的固体物理问题，现在可以借助计算机，在基本物理规律，如薛定谔方程，即所谓"第一性原理"的基础上进行计算，其结果的可靠性完全可与实验媲美，而成本却大大低于真实的实验。于是出现了一批计算物理学家，他们通晓理论物理，也精通计算机计算。

　　如本章第 3 节所述，美国理论化学家马丁·卡普拉斯，在化学研究中，以物理理论为根据，以计算机为工具进行计算，也可以归类为计算机实验型科学家。

　　一个具有代表性的例子是核试验，从空中核爆炸发展到地下核试验，由于核理论已经非常成熟，到现在已不再需要进行真实的试验，就可以在计算机上进行核试验。由于核污染问题和国际条约的限制，现在核武器的研制大多是在计算机上进行最后的试验。

　　宇宙演化理论由于涉及宇观尺度的世界，不可能在地上进行任何真实的实验，也只能是靠计算技术来模拟试验。在中国科学院超级计算中心的联想深腾 7000 超级计算机上，曾经完成一个超大规模的宇宙模拟实验（它是被称为"盘古计划"的一部分），该项数值实验借助近 300 亿个虚拟粒子，再现了边长为 45 亿光年的立方体积中物质分布的演变过程，是迄今为止同等尺度上规模最大、精度最高的数值实验。它有助于我们理解星系的形成和演化，以及超大质量黑洞的形成过程。

　　混沌现象与非线性物理的研究，除了理论研究之外，由于数学上的巨大困难，也需要在高性能计算机上来模拟实验。

　　大量生物基因的研究也是靠计算机技术来实现的。

第十三章 创造思维

一、发明家和科学家的思维特点

发明家和科学家在创造过程中的思维，也即创造思维，是创造学的重要内容。几乎所有创造学的教科书和专著都把创造思维放在前面来论述，因为他们都是以创造思维为全书的出发点。而本书则把它放在后面来讨论，因为本书的体系不同于多数创造学教科书，它不是从创造思维出发讨论问题，而是以科技史上众多创造案例的经验为基础，进而分析、总结创造规律，以及和创造思维有关的问题。

思维和经验是对立统一的一对矛盾，没有思维，就没有行动，也就没有经验；反之，没有足够的经验，也就没有完善的思维。正如"先有鸡还是先有蛋"的问题一样，思维和经验也是互相促进、共同发展的。前面我们探讨了历史上许多重大原创性发明和重大科学发现过程中的经验，并且给予一些归纳，这就给我们进一步研究创造思维提供了丰富的素材和坚实的经验基础。

（一）什么是创造思维？

首先在这里，我们讨论创造思维的概念，什么是创造思维呢？我们概括如下。

创造思维：由已有的知识为基础，发现和理解未知世界，想出解决问题的新方法，找到原有事物的新用途，设计出新的艺术形象等，这个思维过程，就是创造思维，而不管是否最后得到了希望的结果。

显然，这是从思维的目的来定义创造思维的，虽然不尽完美，却是严格的。

我们说不尽完美，是因为关于思维的内在过程和机理，至今科学界和心理学界尚未能完全的揭示。所以，如果像有的学者所希望的那样，想要用思维内在过程和机理来定义创造思维，作者认为比较勉强，现在条件还不成熟。

我们说严格，是因为这样定义已经把创造思维的范畴穷尽了。不管你用什么思维方式，只要你是为了获得创造结果的目的，你去想了，思考了，也许不深刻，可能不完美，甚至你想错了，都应该是属于创造思维。

发明家和科学家整天都在思索，也不可能做成功所有项目，但是他们使用的都是创造思维。在莱特兄弟之前，许多发明家前仆后继研制飞机，大约经历了 100 年，都没有获得成功；晚期的爱因斯坦用了他生命中最后几十年的宝贵时间去研究统一场论，最后也没有成功。但我们不能因为他们没有获得成功，就说他们使用的不是创造思维。这是因为一个项目是否成功，除了创造思维以外，还跟众多其他因素有关。

从个体而言，有的人勤奋，不断探索，不断创造，他们就是使用创造思维；从群体来说，人类在几百万年的演化过程中，不断地思维着、创造着，他们也是在使用创造思维。

我们在本书前面讨论的种种例证，都说明不同的发明家或科学家，不同的发明或发现，他们的思维过程都不尽相同，甚至非常不同。应该说创造思维是因人、因事而异的，不太可能有一个统一的模式。

举例来说，发明于二战末期的喷气式发动机，到朝鲜战争时终于被集成了大显神威的第一代喷气式战斗机，但机载武器怎样设计？美国的F-86，以小口径高射速机枪为特点，而苏联的 MG-15，则是以大口径低射速机炮为特色。前者因为弹幕密集，易于击中对方，但击中却不一定能击落；后者由于弹幕稀疏，不易击中，却因为航弹直径大，一旦击中就很可能击落对方。显然美苏双方设计人员的设计理念是不同的，效果应该是各有千秋。

再以前边引用过的量子力学为例，海森伯得到的形式是矩阵，而薛定谓的形式是波动方程，显然他们的思维是很不相同的。海森伯应该是形象思维和想象力的天才，所以他从实验数据的分离特征中找到了矩阵的影子，要知道那时他和大多数物理学家一样还不知道矩阵数学。而薛定谔则是典型物理学家的传统思维，就是所谓"既然是波，就应该有波动方程"，于是他从德布罗意波寻找对应的波动方程，由于他深厚的理论功力，他终于成功地找到了。而且薛定谔还严格地从数学上证明，矩阵形式的量子力学和波动形式的量子力学，是互相等价的两种不同形式。其实海森伯的矩阵，就是薛定谔波动方程的本征值问题的形式。

虽说创造思维是因人因事而异的，但创造思维的基本特征都是由观察找现象、由实验找规律、由事实作判断、由已知求未知、由现有求新颖、由问题找出路、由可能找应用，包括寻找、猜测、设想、试探、验证、修改、反证等一系列的过程。

（二）创造思维的主要内容

创造思维的这种基本特征必然在发明和发现过程中导致"发散思维"，即各种寻求尽可能多种可能答案或方案的思维方式，也必然导致伽利略提出的科学研究中的 5 步研究方法和思维方法，即观察、提出假说、作出推论、验证推论和修正假说的过程。

后面第二节我们会分析，对于发明者来说，寻找和确定发散思维的"发散点"更加重要。因为有了发散点就使发散思维有了更好的可操作性。

纵观科技发展史，我们还发现有一点是肯定的，创造思维过程还应该涉及逻辑思维、辩证思维、形象思维等思维方式。我们将在后边第三节中，使用大量案例来讨论逻辑思维、辩证思维和形象思维，以及联想思维和类比思维在创造过程中的作用。我们发现它们特别是在科学研究中具有非常重要的作用，因为它们往往可以将人们的发散思维导向正确的方向。

（三）科学家和发明家的人格特质决定他们的思维特征

在科学发现领域，科学家的思维还有一些共同特征。我们其实是涉及人格特质，但科学家的人格特质决定了他们独特的思维特征。

首先是科学家对于事物的强烈好奇心、对已有结论的怀疑精神、喜欢和善于提出问题。强烈的好奇心激发深入的思考，产生对公认理论的怀疑，提出眼光独到的问题。爱因斯坦曾经说过，"提出一个问题往往比解决一个问题更重要，因为解决问题也许仅是一个数学上或实验上的技能而已，而提出新的问题、新的可能性，从新的角度去看旧的问题，却需要有创造性的想象力，而且标志着科学的真正进步"。怀疑的头脑，批判的精神，不迷信权威，从来就是科学进步的重要起点。爱因斯坦本人就是这种精神的典范。例如，他对物理学家从未怀疑过的惯性参考系提出了质疑，认为既然没有真正严格的实验能够证明惯性参考系的存在，就应该放弃这个概念，把物理学理论置于任意参考系之下。正是这个天才的想法，最终导致广义相对论的诞生。

其次是科学家的自信心、独立思考和独创精神。他们相信自己的能力、自己的判断，作独立的思考和推论。他们欣赏权威的智慧，学习权威的技巧，但不迷信权威的结论，常常会去寻找它的弱点（推理是否严密、假设是否合理、选择是否唯一、引用实验数据是否可靠等），作出自己独立的判断。爱因斯坦认为，发展独立思考和独立判断的一般能力，应当始终放在首位，而不应当把获得专业知识放在首位。这方面，爱因斯坦也为我们作出了榜样。在解释光速不变的实验事实带来的巨大矛盾时，大多数科学家都只是按常规从物理规律的形式是否正确方面着想，只有爱因斯坦一人想到，是不是时空变换的形式不对？他对伽利略时空变换提出了此前没有人敢想的、极为大胆的挑战，从而建立了狭义相对论。作为对比，19世纪末20世纪初的伟大物理学家洛伦兹，在相对论的问题上，他是个悲剧性的人物。在物理学界建立相对论的过程中，是洛伦兹首先导出了时间延缓、长度缩短的公式，甚至已经导出了洛伦兹变换，爱因斯坦后来正是用它代替了伽利略变换的。洛伦兹显然已经走到了相对论的边沿，他已经导出了相对论的主要公式，再大胆地向前走一步，就完成了千秋功业！但令人万分惋惜的是，他固守传统物理学的观念，始终没有敢于迈过"修正伽利略时空变换"这一步，而且至死他也不肯承认相对论，从而把自己与相对论彻底划清了界限。他的那些成果，都为他人做了嫁衣裳。

最后是科学家要富于想象力。爱因斯坦曾经说过，"想象力比知识更重要"，"严格地说，想象力是科学研究中的实在因素"。要提出一个新的理论或假说，需要构建一个现在尚不存在的体系，没有丰富的想象力是不行的。例如，前述魏格纳的大陆漂移学说，他不仅要想象大西洋两岸可以对接，而且要想象原来的泛大陆是什么样的，是怎样漂移成现在大陆的格局的。要推翻一个旧理论，需要找出其漏洞和矛盾，也需要丰富想象力。例如，前述对于亚里士多德关于物体下落速度取决于物体重量的观点，伽利略按其逻辑，发挥想象力，作出一个严密的推理，指出了他的自相矛盾，从而一举推翻了亚里士多德流传千年的错误理论。

在技术发明方面，发明家的思维也有一些不同于科学家的共同特点。他们常常想，现有事物有什么问题和缺点，主要矛盾在哪里，对未来的事物希望怎样，可以用什么办法、用什么方案、用什么材料，来解决问题。或者，有什么新发现，有什么新技术，有什么新材料，它们可以如何利用。人们有什么需求，能否满足，怎样满足。这种需求，不一定是现实就有的需求，可能是发明家想象出来的，它们是未来的，将会引领消费潮流的需求。正如我们现在在智能手机上所看到的那种旺盛的社会需求，在没有手机之前本来是没有的，是发明家们创造出来的等。发明家们甚至天天怀揣一个笔记本，随时记录那些可遇不可求却稍纵即逝的灵感。

发明家的思维相对比较实际一点，只要能给我解决问题就行。没有钢铁，就用青铜，没有金属，就用木头。一个电池不够，就用两个。发明了蒸汽机，就装到马车上试试，一试太重，不行，就放在铁轨上再试试，于是就发明了火车。后来有了内燃机，比较轻巧，再装到马车上试试，这次行了，就成了所谓汽车。

自然科学家不像发明家，科学家一定要问个清楚是为什么，要求理论上的合理性、深刻性、完美性，还要求严密性、自洽性、存在性、唯一性、稳定性等。

在广义相对论基础上导出的宇宙方程，人们发现方程的解呈现出不稳定性，而当时人们都认为宇宙应该是稳定的，这曾经给爱因斯坦造成很大的困扰。万般无奈，他于是就凭空给方程加了一个所谓"宇宙常数"，使得方程的解变得稳定了。但是这个宇宙常数与广义相对论的基本原理无关，也没有任何其他物理基础，这使得爱因斯坦很不满意和纠结。后来美国天文学家发现宇宙本来就是不稳定的，即所谓"哈勃定律"，表明宇宙正处在不断膨胀之中。这样一来，爱因斯坦的宇宙方程原本不稳定的解，就变成了正确的解，这也反过来使得人们认识到广义相对论极其深刻的内涵。于是爱因斯坦就把他凭空添加的宇宙常数去掉了，他也很后悔当初盲目的决定，这使得他失去了一次大胆预言宇宙膨胀的历史机遇。

加一个宇宙常数，就可以使方程的解稳定，如果是用发明家的实用思维方式，就应该满意了。但对于科学家，尤其是对于像爱因斯坦这样的伟大科学家，没有物理基础的支持，在理论里随便加常数，是不能接受的。

（四）多项目思维

无论是发明家，还是科学家，他们的思维，还有一个共同特点，就是在同一时间里，他们可能会集中精力思考研究某一个问题，但是在他们的头脑中，都会保存多个问题，处在准备思考的状态，只是思考的阶段不一定完全相同。有的处于萌芽阶段，有的是酝酿阶段，有的是学习阶段，而有的则是最后完成阶段。这些项目之间一般是相互关系不大，不交叉、不混合，也不是同步的，相互是独立的，所以我们给其取名"多项目思维"。以爱因斯坦为例，在 1905 年，他先后发表 5 篇重要论文，包括 3 个方向，分别涉及光量子理论、布朗运动和狭义相对论。显然，这是他在同一时期对于这"多个项目"思考的结果。爱迪生在 1915～1918 年 4 年间共完成发明 39 件，其中最著名的是鱼雷发射机械装置、喷火器和水底潜望镜等。要在这样短的时间内完成如此众多的发明，除了他的员工努力之外，他没有"多项目思维"也是不可能的。

最后顺便说一句，有的创造学者有所谓"破除思维定势"的说法，我们认为这种说法是片面的、有害的。我们想一想，传统创造学提出的各种创造原理、创造技法，其实也都是一种思维定势。行之有效的检核目录法更是创造学设计的一种思维定势。科学研究中行之有效的"范式"，也是思维定势。一切科学规律、科学理论，都是思维定势。不讲条件地一概破除思维定势，就容易陷入自相矛盾的悖论中去了，同时也否定了人类的一切文化成果。

只有在发现新实验现象，进入了新的研究领域的情况下，旧的理论需要突破，需要发展，需要形成新的科学范式，这时才是破除旧思维定势的时候。

二、发散思维

在众多的创造学教程中，发散思维被推崇为首要的创造思维方法。虽然我们主张创造过程离不开一切正确的思维方式，包括逻辑思维、辩证思维和形象思维，但并不排除发散思维的重要意义，因为发散思维也反映了辩证思维关于世界矛盾多样性、复杂性的思想，应该也属于辩证思维的范畴。

事实上，在历史上众多发明和发现中，我们看到发明家和科学家，无不都是发散思维的身体力行者。可以说，没有发散思维就没有创造。因此，我们对创造思维的讨论，也从发散思维开始。

发散思维可以理解为：各种寻求尽可能多种可能答案或方案的思维方式。

在一些创造学教程中，还有所谓"求异思维""横向思维"的概念。在我们看来，他们都应该包含在发散思维的范畴里，并没有提供独立的、新的内涵。

发散思维尤其在技术发明和工程设计中有重要的作用。

发散思维，在传统创造学教科书里，实际上是有一些固定方法的，如缺点列举法、希望点列举法及检核目录法等。前两者是利用会议的方式，让来自各行各业的与会者按一定的规则背对背发表各自不同的见解，由于与会者的年龄、性别、文化、专业知识背景、社会经验等的不同，他们发表的各种见解，其中自然包含了发散思维的因素。检核目录法是用一些固定的目录来提示发明者应该向哪些方面去发散式地思考问题。虽然不同的创造学者会设计出不同的目录，但其思路都是相似的。应该说，其实从某种意义上讲，检核目录法也是一种思维定势，只要注意不使其限制了我们的创造性就可以了。

实际上，我们还可以发现其他种类的发散思维方式，如寻找发明课题时的发散思维。如第二章所述，当塑料发明了之后，发明家争先恐后地应用塑料这种新材料，挖空心思地寻找可以应用它的各个领域；同样，当数字电子技术发明之后，发明家也是争先恐后地应用这种新技术，想方设法地寻找可以应用它的新领域；等等。这是从新材料、新技术出发寻找应用领域、寻找发明课题的发散思维。

相反，如果发明课题是事先已经确定的，就要从各种可能的技术里寻找合适的技术（机械的、电动的、电子的、遥控的、智能的等），从各种材料中寻找合适的材料（竹木的、钢铁的、合金的、塑料的、碳纤维的等）。这是从选定课题寻找可用技术、可用材料的发散思维。

在发散思维考虑的各种可能方案中，最后要根据它们技术指标的可能性、先进性、材料的可能性、经济成本比较、技术成熟可靠性、加工工艺的可行性，以及材料和加工过程的环保性等方面来抉择。这就是收敛思维。

发散思维可以比作是思想的飞翔，飞得越高看得就越远，选择范围就越大。但思想不能永远无边际的游荡，最后还是要有落脚点。人类创造的历史经验告诉我们，发散思维最后还是要落脚到已有可能的技术或已知科学规律上。

我们用航母舰载机的起飞方案的选择，来作为发散思维在工程研发过程中的应用的示例。

关于航母舰载机的起飞方式，已经获得成功或即将成功的方案有三种。

（1）滑翘甲板（滑翘甲板可使舰载机在离舰的瞬间获得一个较好的斜抛方向，因为小角度斜抛要比平抛飞得更加远，同时滑翘甲板也可使机翼获得一个较大的迎角以得到附加升力）。

（2）蒸汽弹射器（利用蒸汽的强大内能，推动汽缸活塞，帮助舰载机获得足够的起飞速度）。

（3）电磁弹射器（利用强迫储能电池的强大电能，通过直线电机的释放，帮助舰载机获得足够的起飞速度）。

除了上述三个相对比较成熟的技术外，我们还可以列出其他历史上曾经使用过的或原理上可能的方案。

（1）压缩空气弹射器（以压缩空气的内能，喷入汽缸推动飞机达到起飞所需要的速度）。

（2）燃气弹射器（仿蒸汽弹射器，但以喷入汽缸内的燃气和氧化剂代替蒸汽）。

（3）电动弹射器（以电机为动力，以飞轮蓄能、放能来驱动飞机起飞）。

（4）蒸汽轮机弹射器（以蒸汽轮机为动力，以飞轮蓄能、放能来驱动飞机起飞）。

（5）燃汽轮机弹射器（以燃汽轮机为动力，以飞轮蓄能、放能来驱动飞机起飞）。

（6）助推火箭起飞（以舰载机自身携带起飞助推火箭，来获得足够的起飞速度）。

（7）高推重比发动机起飞（随着发动机推重比性能不断提高，终有一天仅靠自身动力便可在水平甲板上起飞，而不需滑翘或弹射。甚至在发动机推力对飞机重量的比值大于1时，从理论上说，就可能作机头向上的垂直起飞）。

（8）喷气吹抬起飞（在航母甲板前方设有向上喷口，当舰载机将要脱离甲板时，被喷口喷向上方的强大气流吹抬，获得附加的动能，从而能够顺利起飞）。

（9）起落架弹跳（当舰载机将要脱离甲板时，起落架内特殊装置帮助飞机向上弹跳，获得附加的动能）。

（10）附加起飞滑跑支架（在航母甲板前方附加一个起飞滑跑支架，在不增加航母太多重量的前提下，增加甲板的有效长度）。

（11）在舰载机起飞阶段，向发动机内注入高热值燃料，以加大推力，起飞后再恢复到正常航空燃油。

可见，关于航母舰载机起飞方式选择的发散思维，都要落脚到现有可能的技术方案上。滑翘甲板起飞和蒸汽弹射起飞，技术上比较成熟。而电磁弹射起飞方案则比较先进，也接近成熟。所以这三个方案是各国制造航空母舰时首先考虑的。特别需要注意的是，现在没有被选择上的方案，并不等于永远选择不上，一旦某个关键技术有所突破，备选的方案也可能被选上。顺便说一句，压缩空气弹射器和燃气弹射器是历史上曾经采用过的，只是在后来的发展中被淘汰掉。如果某个相关技术有了新的突破，以前被淘汰的技术也可能重新启用。

发散思维的重要性，导致一些创造学家认为创造过程中"只有一个视角是危险的"。诚然，这个说法在技术发明方面基本是正确的，因为如果不多方考虑，你的方案很可能不是最佳的，甚至是有缺陷的，在市场经济里，最终很可能要归于失败。但也有例外，有时发明家的知识面、个人经验和历史局限性决定了他的特别选择，而不是多方选择。

正如第三章所述，法拉第发明的发电机，采用旋转圆盘方案并获得了成功，尽管从现在的观点看这并不是最好的方案。这一方面是由于法拉第以前曾经研究过阿尔果圆盘实验，经验使得他首先想到圆盘方案；另一方面也是因为当时并无其他可用的现成方案，发散思维找不到其他相应的落脚点，所以法拉第就直接选择了现实的圆盘方案。

还有美国物理学家汤斯在二战时有雷达工作的经验背景，所以他在研究微波激射器时，立刻就想到了用雷达技术中常见的微波谐振腔来放大微波信号，并且获得了成功。

美国物理学家萧洛是光学方面的专家，他在设计激光器时自然想到用光学中的法布里-珀罗干涉仪作为共振腔来放大光信号，也获得了成功。

而与技术发明不同，在自然科学研究中，则不太可能总是有很多的视角。实际上科学家往往只有一个视角，而这一个仅有的视角也是千载难逢、可遇不可求的，科学家必须要紧紧抓住。例如，达尔文曾为他的进化论的"物种怎样进化"问题苦苦寻找机理，当他偶然读到马尔萨斯人口论的生存竞争理论时，眼前一亮，立刻想到这就是他要的东西，于是他提出了关键的"物竞天择、适者生存"的自然选择进化机制。就是在现代进化论中，进化机制虽然已经有了很大发展，但它的基本精神仍然是正确的。

美洲和非洲的大西洋沿岸的相似性，使得瓦格纳想到这个现象可能是大陆漂移引起的。他紧紧抓住这个思路，寻找到许多古生物和化石的证据，提出了大陆漂移学说。这个大陆漂移学说，后来经过了洋底扩张理论和大陆板块学说的发展阶段，已经成为现代大地构造的基本理论。

1905 年爱因斯坦提出的光量子理论，认为光具有波粒二象性，这使德布罗意想到，电子、中子和质子等实物粒子是否也具有波粒二象性呢？正是他紧紧抓住这个思路，最后他提出了实物粒子的波，即德布罗意波，成为量子力学的概念基础。

之所以在科学研究中，往往只有一个也只需要有一个视角，我们认为很可能是因为客观现象机理的唯一性和科学理论内部的一致性、自洽性所致，任何不同的突破口最终都会导致同一结果。在科学研究中同时有两个视角的罕见例子，就是前面所举量子力学的早期，海森伯发明的矩阵力学和薛定谔建立的波动力学，似乎是两个完全不同的形式，但最终还是严格地统一到量子力学中来。所以，在科学研究中，我们不必要求寻找多个视角，只要紧紧抓住一个就够了。

最后，在本书中，我们提出发散思维的"发散点"的概念。什么是发散思维的发散点呢？有创造经验的人可能知道，实际运用发散思维并不是一件容易的事，最重要的问题之一是从哪里发散，这就是发散点的问题。本书前边的讨论，实际上给出了许多寻找发散思维发散点的方法。在技术发明方面，可归纳如下：

（1）一个自然规律，有什么可能的应用？（基于自然科学规律的发明方法）

（2）一个特殊现象，可能有什么应用？（基于特殊现象的发明方法）

（3）一个工程任务，可能用什么技术方案来实现？（技术选择列举法）

（4）一个工程零件，可以选择什么材料？（材料选择列举法）

（5）一个技术，有什么可能的应用？（技术应用列举法）

（6）一个材料，有什么可能的应用？（材料应用列举法）

（7）一个现成的产品，有什么缺点需要改进？（缺点列举法）

（8）一个设计的产品，希望它有什么优点。（希望点列举法）

（9）一个现成的产品，可以作什么变化？（检核目录法）

以上这些方法，当然不能涵盖所有的发散点，也不可能穷尽所有的细节。毕竟创造是发现前所未知、发明前所未有的过程，不能指望任何有限的描述就能一劳永逸的解决所有问题。但是它们已经为我们的发散思维提供了许多明确的进入点，即发散点，使得发散思维具有更好的可操作性。

最后，我们说，只有发散思维，而没有收敛思维，还不能最终解决问题。

思维的发散，正如前述，就像飞翔的小鸟，飞得越高、越远，就越可能寻找到更好的栖息地。但是它不能永远无边际地游逛，终究还是要有落脚点，还是要脚踏实地建立自己的鸟巢，这就需要收敛思维。所谓收敛思维，可以理解为在众多可能的方案中，选择和确定最佳方案，然后组织技术攻关，进行试制，最后解决问题，实现既定的创造目标。

三、逻辑思维、辩证思维和形象思维的作用

创造学界部分学者特别强调发散思维、直觉、顿悟和灵感的重要性，

有意无意忽略逻辑思维、辩证思维和形象思维在创造过程中的作用。这是片面的，容易误导读者，也容易使传统创造学本身误入歧途。

人类创造史告诉我们，一切正确的思维方式，包括逻辑思维、辩证思维和形象思维，以及类比、联想等思维方式，在创造过程中都是不可或缺的。只要是用在创造上，它们都属于创造思维的范畴。

（一）逻辑思维

我们所说的逻辑思维主要指遵循形式逻辑规则的思维方式。在逻辑思维中，要用到概念、判断、推理等思维形式。

创造学界有的学者认为，既然新理论、新发明不能从纯逻辑推理中得到，而且逻辑思维经过推理得到的结论已经包含在它的大前提之中，因而不能得到新的实质内容，所以逻辑思维不属于创造性思维。但回顾科学技术发展史，我们发现，传统创造学的这种观点并不符合实际，是非常片面的，是对读者的极大误导。至少我们可以从以下几个方面看到逻辑思维在创造方面的重要作用。

虽然推理得到的结论包含在它的大前提之中，但如果不把它推导出来，人们就不可能认识它，也就没有一个完整的科学理论。数学定理都是数学家从公理推导出来的，没有定理也就没有数学，这其中体现了数学家严密的逻辑思维。相对论和量子力学，在它们发展的早期，当然并不完全是逻辑思维的结果，但发展到今天，也都早已形成了概念完善、逻辑严密的理论体系。

第七章叙述了伽利略的 5 步科学研究方法，其中就要对假说作逻辑或数学的推理，然后对推论做实验验证，从而判断假说的真伪对错。虽然我们不可能完全依靠纯逻辑推理的方法去建立新理论，但离开了逻辑思维，任何新理论都不可能建立。实际上，科学家随时都在做假设、推理和验证的工作，其中推理就离不开逻辑思维。

伽利略关于自由落体问题的悖论，也是逻辑思维和推理的光辉典范。

伽利略用逻辑思维一举就将亚里士多德流传了 1000 多年的关于"自由落体速度取决于物体的质量"的理论错误托出水面，显露无遗。虽然单单依靠纯逻辑推理的方法不能建立一个新理论，但却可以推翻一个谬论，从而为新理论开辟道路。这也说明了逻辑思维在创造中的巨大作用。

虽然狭义相对论不是纯逻辑推理的结果，但逻辑思维在创立狭义相对论过程中的每一步都起了巨大作用。譬如，按伽利略时空变换的逻辑推理，光速应该与参考系有关，但实验却证明光速是不变的。这个推理就突显了经典理论与实验之间的尖锐矛盾，而这个矛盾正是推动建立相对论的内在动力。

量子力学的薛定谔方程导出后，怎样证明其正确性？薛定谔使用了数理方程的方法（数学也是逻辑推理），得到了氢原子的全部解，非常好地解释了除电子自旋以外的全部实验数据，使得其正确性得到确认。后来狄拉克建立了相对论波动方程，在使用了极其复杂的数学工具之后，终于不可置疑地推出了电子自旋解。而且，按这个相对论波动方程的逻辑推论，还得到了存在正电子的结论。沿着这个方向，科学界发现了大量反粒子，极大地推动了基本粒子物理学的发展。

逻辑思维是方法，是推理的方法、数学的方法，是可以操作的，而得到的结果确切与否，对与错，是可以被严格验证的。这正是科学家非常需要的方法。

可以说，没有逻辑思维就没有现代科学技术，就没有现代高度的物质文明。具有灿烂古代文明的中国，之所以到了近代科学技术逐渐落后于西方，其中重要原因之一，就是中国知识界缺乏逻辑思维的传统。

（二）辩证思维

我们说的辩证思维是唯物辩证法在思维中的反映，即对立统一思维法、质量互变思维法和否定之否定思维法。

传统创造学教程表述的发散思维、逆向思维、缺点利用等，反映了世间事物矛盾的多样性、复杂性和两面性，都包涵了辩证思维的智慧，无疑都是正确的。但如果只把它们单独提出来，而排除辩证思维本身，就会变得干枯，成为无源之水、无本之木。

奥斯特的电流磁效应的发现，以及法拉第的电磁感应定律的发现，都体现了他们对于电与磁这两个不同事物之间有内在关联的哲学思考；德布罗意的物质波的发现，也是因为德布罗意坚信物质世界的统一性。二者都闪烁着辩证思维的光芒。

关于光的本质，历史上有两个对立的理论，即波动论和微粒论。如果按纯粹形式逻辑思维，二者必有一个错误，甚至两个都错。但是实际上，两个都有正确的因素，需要在新的理念基础上将二者结合起来。这就超越了逻辑思维的范畴，只有依靠辩证思维才可以理解。

此外，创造过程特别是技术发明离不开分析矛盾、寻找主要矛盾的过程，具体问题具体分析才是创造的基本方法和金科玉律，而抓主要矛盾则是成功的钥匙。这都是辩证思维。

辩证思维属于哲学范畴，按其指引的方向，虽然不是总能得到具体的结果，但却可以给你指出方向，常常会产生意想不到的奇妙效果。

（三）形象思维

形象思维是对形象信息传递的客观形象体系进行感受、储存的基础上，结合主观的认识和情感进行识别（包括审美判断和科学判断等），并用一定的形式、手段和工具（包括文学语言、绘画线条色彩、音响节奏旋律及操作工具等）创造和描述形象（包括艺术形象和科学形象）的一种基本的思维形式。

鸟虫鸣、风雨声、战马奔等，都可能会引起艺术家的艺术创作灵感。广东音乐《雨打芭蕉》、哈恰图良的《马刀舞》、里姆斯基·科萨科夫的《野蜂飞舞》，亚历山大·阿里亚别夫的《夜莺》等，都是作曲家加工自然声音信息，进而创作出音乐形象的流芳百世的艺术杰作。

在本书中，我们要特别强调的是，形象思维不仅仅属于艺术家，它也是科学家进行科学发现和创造的一种重要的思维形式。

魏格纳注意到大西洋两岸的几何形状十分相似，可以很好地契合，从而想到了美洲大陆和非洲大陆等是否原来就是一个整体，后来才分裂并且漂移而成为现在的样子呢？于是魏格纳经过进一步调研和深入分析，提出了大陆漂移学说。大陆漂移学说后来又发展成现代地球构造板块学说，成为地球物理学的基石。这是形象思维成功的光辉范例。

作为理论的基本形式，几何光学中有一个费尔马变分原理，经典力学中有一个最小作用量的变分原理。两者都是高度抽象的，但形式上却非常相似，都是变分原理。德布罗意注意到这两个原理在形式上的相似性，想到粒子和光子应该具有深刻的内在一致性。既然现在发现光具有波粒二相性，那么实物粒子是否也具有波粒二相性呢？他又注意到波尔提出的氢原子理论，其中表征原子量子状态的量子数都只取整数。而以前的物理学中只有研究波动的干涉、衍射等周期现象时才出现整数。他想到是否不应该简单地将实物粒子仅仅看作粒子，而应该同时赋予它们周期或波动的概念呢？经过反复思考和比较，德布罗意提出了实物粒子具有波粒二相性的假说，就是德布罗意波。

上面两个例子都是形象思维中，将两个具有相似特征的事物作类比的结果。其中既可以是两个事物外在特征的相似（如大陆漂移学说，大西洋两岸形状的相似），也可以是两个事物某种抽象特征的相似（如德布罗意波，光学与力学各自变分原理的相似）。

此外，科学研究中理想模型也都离不开形象思维。物理学中有许多很形象的理想模型，像电力线、磁力线、原子结构的汤姆生果冻模型或卢瑟福小太阳系模型，都是物理学家抽象思维和形象思维结合的生动事例。

伽利略和爱因斯坦也都是形象思维的大师，他们的理想实验都是在想象中进行的，是高超形象思维的结果。伽利略的斜面理想试验导致了惯性定律的建立，而爱因斯坦的自由下落电梯的理想实验，则将他带向了引力理论，建立了广义相对论。

形象思维在生物进化研究中也有重要意义。例如，进化树的建立需要不断比较各种生物的形态特征，两个相似而不相同的物种，往往是处在相邻关系，体现了它们之间的继承和发展关系。

形象思维体现了发现形象特征的能力，以及比较两个相似形象特征的能力，是人的本能。

四、直觉、顿悟与灵感

直觉、顿悟与灵感，这是使许多人感到神秘的概念，也是现今创造学中最引人注目的三个概念，几乎是所有有关创造学著作必有的重点论述。但是对于它们的概念，学界却有各种不同的理解。一些文献将顿悟与灵感不加区别，还有的学者倾向于将这三个概念视作一体。

鉴于此，我们分析了科学技术史（也涉及文学艺术）的许多案例，感到有必要，也有可能将它们明晰起来。试图将直觉、顿悟和灵感这三个名词分别赋予三个不同的概念，并且在归纳历史上创造案例的基础上，进一步充实了它们的内涵，看过之后，你可能会觉得它们也并不是神秘之物。

顾名思义，"直觉"二字，就是初次面对对象时的直接感觉；"顿悟"，则是思考中的突然醒悟；"灵感"，有如神灵感应，忽然想出一个办法、一个形象之意。为了更加贴切词义，我们重新定义直觉、顿悟和灵感。

直觉：基于原有的经验、知识的积累，不加分析，也不经逻辑推理或实验验证，就直接对事物、问题的性质产生的理解或判断。直觉的一个重要特点是它发生在思考过程的开始阶段，一旦面对问题就很快产生理解和判断。产生直觉所需的知识和经验是在遇到这个问题之前所积累的。直觉主要出现在对事物性质判断的过程中。

顿悟：对现已存在的事物或问题，经过一段思考和研究，或者再受到外界的某种启发，思维从混沌到清晰，出现一个飞跃，突然发生的理解过程。顿悟发生在思考过程的相对后期，一旦顿悟产生，问题可能也就很快解决了，除非这个顿悟是错误的。顿悟所需知识和经验除以前积累的之外，很多很重要的是在研究这个问题的过程中积累的。顿悟可能更多地出现在科学研究上。

灵感：对于一个感兴趣的或曾经思考过的问题，忽然想出一个或者受到原型或外界事物的启发而获得一个原本不存在的、新的解决方案、新的文学艺术形象、新的发展方向等。灵感的产生，也是在思考过程的后期。灵感可能主要是出现在发明或艺术创作的过程中。

但是直觉、顿悟和灵感这三个概念，在我们看来，不是对等的，不是平行的。其中直觉可以认为是一种完整的思维过程，是可以操作的。而后边两个则不是完整的思维过程。

（一）直觉

直觉有以下几种类型。

1. 对于熟悉事物的再认

在一个精心伪装的上吊自杀现场，有丰富经验的侦察员发现死者悬吊的高度不对，仅凭着这点蛛丝马迹，就敏锐地出现了直觉：是他杀而不是自杀。

在公交车站有几个年轻男子，既不上车，又不离开，只是边游逛边张望。普通乘客不会注意，但老练的反扒民警，凭直觉就能推测他们可能是小偷。

对于一个同时背疼和下颌疼的症状患者，实习医生可能会误诊，而一个具有丰富经验的医生，会直觉地判断，很有可能是心绞痛的非典型症状。

一个没有任何医学上危险因素的青年人，却多次中风，许多医院都没有找到病因。一位经验非常丰富的医生，凭他多年的见识，直觉地推测病人很可能有心脏病。结果在他的心脏里发现了一个肿瘤，是肿瘤脱落的斑块堵塞了脑血管。肿瘤切除之后问题就解决了。

辨别自杀还是他杀，发现谁是小偷，是刑警的经常要面对的问题，是他们再熟悉不过的事物；而辨别心绞痛的典型症状与非典型症状，以及寻找年轻人中风的原因，则是经验丰富的医生的本事。这样产生的直觉，属于熟悉事物的再认。

这种"熟悉事物再认"型的直觉，在一些文献里已有论述，认为关于直觉，有两个重要事实：首先，直觉很少在那些对问题领域不太精通的个体身上发生；其次，专家的直觉只表现在本领域中熟悉的问题，对于其他领域的问题或者本领域中不熟悉的问题，则没有直觉。因此，直觉实质上是对熟悉事物的再认。

这种说法有一定道理，但作者在科学技术史中发现，除了精通问题领域熟悉问题的个体可以发生直觉外，也就是"熟悉事物再认"型的直觉之外，还有下面一些重要情况也可以发生直觉。

2. 对期待事物的发现

1869 年，门捷列耶夫提出了他的元素周期表，将当时已知的 63 种元素排列其中，但是中间留下许多空白。反对他的人认为留下那么多空白就证明它不合理和有矛盾。但是门捷列耶夫却认为这些空白应当属于未知的元素。例如，他在锌和砷之间留下两个空白，预言存在亚铝和亚硅，并预言了它们的性质。几年以后，1875 年法国化学家布瓦博德朗用光谱法发现一种新元素，称作镓。门捷列耶夫凭直觉很快就认出镓就是他预言的亚铝，并且根据周期律，戏剧性地不经实验就纠正了镓的比重值（不是布瓦博德朗测量的 4.7 而应该是 5.9 左右）。因为门捷列耶夫期待他预言的元素出现，所以他对新元素的直觉非常敏感。

1920 年，卢瑟福提出原子核里可能有不带电的粒子，预言了中子的存在。1932 年，约里奥·居里和伊伦·居里用 α 粒子轰击铍，发现铍放射出穿透力很强的不带电的粒子，但他们不知道那是什么。而卢瑟福的学生查德威克知道导师关于中子的预言，所以这些实验结果公布后，查德威克直觉地感到这可能就是中子，他立刻重复这个实验，并且证明这个粒子的质量等于质子的质量，他就发现了中子。

这里，门捷列耶夫对于新元素镓，查德威克对于中子，都不是熟悉的事物，而只是他们期待的事物。

3. 对于相似事物的类比

物理学史上量子力学建立过程中，有两个指向同一个目标的直觉，为我们提供了精彩的实例。

德国物理学家海森伯，曾经就他自己发现的矩阵力学去请教大数学家希尔伯特，希尔伯特对他说："我只遇到过一次矩阵，就是偏微分方程的本征值问题"，并建议他去找找这个方程。虽然希尔伯特对于矩阵力学（量子力学的一种形式）并不熟悉，但是对于矩阵的来龙去脉非常清楚。可惜海森伯没有理解希尔伯特的提示，错失了一个千载难逢的良机。量子力学后来的历史证明，这是数学家的天才直觉。正是沿着希尔伯特的这个路线，矩阵力学和波动力学两大分支被融合，最后形成了统一的量子力学。希尔伯特的泛函空间理论，也成为量子力学坚实的数学基础。

1925 年在瑞士，荷兰物理学家德拜请薛定谔作一个关于德布罗意波的学术报告。报告后，德拜提醒薛定谔："对于波，应该有一个波动方程。"因为物理学家都知道，介质波有一个波动方程，电磁波也有一个波动方程。因此对于德布罗意波，似乎也应该有一个波动方程与之相对应。这就是直觉，但不是熟悉事物的再认，而是相似事物的类比。正是在德拜这个建议的启发下，几个月后，薛定谔建立了德布罗意波的波动方程——薛定谔方程，奠定了波动力学的基础。顺便提一句，希尔伯特后来表示，如果海森伯当初听了他的建议，就可能先得到那个方程了。

类比，这种思维形式，可以反映在创造过程的各个阶段。但如果研究者对被类比的事物（本征值问题和波动方程）很熟悉，也就可以直接引发直觉。本段前一个例证（矩阵和偏微分方程）是数学类比或形式类比；后一个例证（波和波动方程）是物理类比或关系类比。

4. 哲学直觉

哲学，是试图对人类全部知识进行总结和概括的一种学问。哲学观点，往往深刻地影响人们对事物的判断和认识。所以科学家的哲学倾向，常常影响他们的直觉。

历史上许多著名物理学家，包括吉尔伯特和库仑，都认为电与磁是截然不同的现象，它们之间不可能有什么关系。但深受康德哲学影响的丹麦物理学家奥斯特，却坚信客观世界的各种力具有统一性。根据这个信念，他坚持对电和磁的统一性进行研究，终于在1820年发现了电流的磁效应。可以说，奥斯特的信念，基本上是一种来自于哲学的直觉。

在奥斯特发现电生磁的电流磁效应之后，法拉第坚信电流应该可以在近旁线圈中感应出电流，即磁也可以产生电。经过长期艰苦的努力，在1831年终于发现了电磁感应现象。这是一种基于对称性考虑的直觉，基于磁与电相互关联的哲学直觉。

法国学者德布罗意认为，如果说爱因斯坦光量子的发现，说明长期以来强调光的波动性，而光的粒子性被忽视的话，则长期以来强调实物粒子的粒子性，其波动性可能也被人们忽视了。1924年他在没有任何直接证据的情况下提出，实物粒子也具有波动性，并参照爱因斯坦的光量子理论，假设了它的波长和动量公式。可以说，德布罗意波的大胆假说也是一种哲学直觉，基于物质世界统一性考虑的直觉。

综上所述，直觉是以丰富的知识为基础的，为了提高产生直觉的能力，就要尽量丰富自己的知识面，包括本专业领域的，其他领域的，哲学、科技史等方面的知识，做一个"百科全书"式的人才；另外，还要提高自己提取事物特征的抽象能力，以及把不同事物作类比的能力。

（二）顿悟

如前所述，顿悟，我们定义为：对现已存在的事物或问题，经过一段思考和研究，或者再受到外界的某种启发，思维从混沌到清晰，出现一个飞跃，突然发生的理解过程。所以顿悟应该更多地发生在科学研究的过程中。

1. 内联式顿悟

法国著名数学家彭加勒在科学研究中也得益于顿悟的闪现。据他自己回忆，一天晚上，他违反常例，偶然喝了咖啡，不能入睡，各种思想一起涌入脑海，互相冲突排挤。其中有两个想法互相联系起来。到第二天清晨，他终于弄清有一种福克士函数存在，而且可以由超几何级数推出。

高斯解决了一个困扰他多年的数学问题之后写信给友人说："像闪电一样，这个谜解开了，我自己也说不清是什么导线把我原先的知识和使我成功的东西连了起来。"

2. 启发式顿悟

1832 年，正随"贝格尔号"在巴西考察的达尔文，苦苦思索生物为什么会发生进化。一天，他读到马尔萨斯的《人口论》，其中"生存斗争"的提法使他忽然产生了顿悟，想到生存竞争可能使有利的变异保存下来，而不利的往往可能被淘汰，其结果就形成了新的物种。这就是达尔文想到的自然选择机制。达尔文在此前已知中国人培育金鱼新品种的人工选择的基础上，发展了他的"自然选择"原理，为进化论打下了坚实的理论基础。

3. 规律发现引发的顿悟

当说明一种现象涉及的基本规律尚不明朗时，往往使人陷入长时间的迷茫。一旦这个基本规律被揭示出来，解释那个现象的顿悟就自动出现了。

1822 年，法国物理学家阿尔果曾经作了一个非常著名的圆盘实验，他用一个可转动的金属圆盘和一个与之不接触的小磁铁实现了互动：磁铁转动可带动圆盘作异步、滞后的旋转；圆盘转动也可带动小磁铁旋转，也是异步、滞后的。当时许多物理学家包括法拉第都试图解释这个现象，但都没有成功。直到 1831 年法拉第发现了电磁感应定律，才使他思路豁然开朗，产生了顿悟，想清楚了个中的奥秘。法拉第认为，在阿尔果的圆盘实验中，是小磁铁的磁场，使得做相对运动的圆盘中的磁场发生变化，就在圆盘中出现感应电动势，进而产生感应电流，感应电流又产生了磁场，这个磁场与小磁铁的磁场相互作用，才出现了圆盘和磁铁的异步、滞后的互动。

有一句话叫作"感觉到的事物不一定能够理解，理解了的事物能够更好的感觉"，用它来形容这种顿悟似乎是很合适的。

4. 奇异现象发现引发的顿悟

如前第八章所述，1895 年 11 月的一天，德国物理学家伦琴用阴极射线的高速电子流轰击固体靶子。在做实验时，伦琴发现，阴极射线流使得隔着纸箱的一块荧光屏幕发出了光，而放电管旁边包得很严实的底片也被感光了！这个奇特的异常现象引起伦琴的极大注意和思考，他突然想到，这些现象说明放电管发出了一种穿透力极强的未知射线，他称之为 X-射线，它可以引起荧光屏发光和穿透纸箱和包装底片的黑纸，这就是顿悟。经过紧张而系统的实验研究，伦琴于 1896 年 1 月向柏林物理学会报告了他的这个伟大发现。

如第八章所述，1910 年德国的地球物理学家阿尔弗来德·魏格纳在偶然翻阅世界地图时，发现一个奇特现象：大西洋的两岸——欧洲和非洲的西海岸遥对北南美洲的东海岸，轮廓非常相似，这边大陆的凸出部分正好能和另一边大陆的凹进部分凑合起来；如果从地图上把这两块大陆剪下来，再拼在一起，就能拼凑成一个大致上吻合的整体。把南美洲跟非洲的轮廓比较一下，更可以清楚地看出这一点：远远深入大西洋南部的巴西的凸出部分，正好可以嵌入非洲西海岸几内亚湾的凹进部分。魏格纳结合他的考察经历，突然领悟到，这个现象绝非偶然的巧合，并形成了一个大胆的假设：推断在距今 3 亿年前，地球上所有的大陆和岛屿都联结在一块，构成一个庞大的原始大陆，叫作泛大陆。泛大陆被一个更加辽阔的原始大洋所包围。后来从大约距今两亿年时，泛大陆先后在多处出现裂缝。每一裂缝的两侧，向相反的方向移动。裂缝扩大，海水侵入，就产生了新的海洋。相反地，原始大洋则逐渐缩小。分裂开的陆块各自漂移到现在的位置，形成了今天人们熟悉的陆地分布状态。这就是著名的大陆漂移学说。

5. 整理思维引发的顿悟

常常在作总结、写汇报、准备讲演的情况下，思维得到了整理，从而引发了顿悟。

前述电与磁的关系，深受康德哲学影响的奥斯特，在哥本哈根为一个讲座备课过程中，他分析了为什么许多人在电流方向上寻找磁效应的努力都失败了，忽然想到，莫非电流对磁体的作用根本不是纵向的，而是一种横向的力？因为备课而整理思绪，从而导致了他的顿悟。正是沿着这个顿悟的指引，才使奥斯特最终发现了电流的磁效应。

我国数学家侯振挺在证明世界公认难题"巴尔姆断言"的过程中，尽管昼思夜想，始终没有能够突破。一次他在外地实习，把研究进展作了小结和整理，写了一份文件，交给一个同学顺路带回学校，希望得到老师的指点。他送那位同学去车站，就在火车即将开动时，一个火花在头脑中突然闪现，觉得眼前的道路豁然开朗。他立刻要回了那份文件，并坐下进行推导，十几分钟后，整个问题得到了完全的证明。侯振挺的艰苦努力当然是顿悟出现的基础，但也体现了他撰写研究报告时整理思维的触发作用。

（三）灵感

如本节前面所述，我们把灵感定义为：忽然想出的或者受到原型或外界事物的启发而获得一个原本不存在的、新的解决方案、新的文学艺术形象、新的发展方向等。可见，灵感主要出现在发明和艺术创作方面。

灵感的出现是方方面面的，可以表现在不同的场合，而且一些灵感是妙不可言的，往往是可遇不可求的境界，有很大的偶然性。

我们首先来看看文学艺术。对于文学家、音乐家而言，往往"原型"是能够引起艺术形象灵感的重要因素。

作家周克芹在介绍创作经验时，曾动情地谈了一件事。在饥荒之年的一天，他在路上看到一个贫穷女子带着一个小女孩在田间小路上挖野菜。

她们赤着双脚，衣衫褴褛。突然间，那女子看见山坡上一丛鲜艳的山梨花，她马上放下手中的篮子，爬上山坡摘了一朵下来，插在小女孩的头上。她们俩那黑黝黝消瘦的脸上，同时绽出了喜悦而美丽的笑容。这一场面使周克勤感慨万分，他说："那一天，我在笔记本上记下了这件事，并写道，人民是不会绝望的。"周克勤从这个动人的场面中，"看"到了人们热爱生活的天性，提取出一个鲜明的艺术形象。

一只小狗的顽皮引发了肖邦的一首名曲。有一天肖邦走进作家兼妇女运动者乔治桑家的客厅，看到她的爱犬在团团转，追咬自己的尾巴，肖邦为之大笑，随即默不作声。站在那里，深思了一会，然后走到钢琴前坐下，奏出一个3/4拍子的主题，一连串急速的8分音符环绕着降A音符旋转，仿佛是小狗在欢跃。他不知不觉地奏出了一首圆舞曲的曲调，充满了怀远念旧的情绪，既轻松又灵快……然后又回到急促8分音符的形式。肖邦略微喘息地结束他即席急就的演奏，那就是众所周知的不朽名曲《降D调圆舞曲》。

众所周知，唐代大诗人李白登庐山，面对香炉峰从天而降的瀑布，激发了创作的冲动，吟出了脍炙人口的诗句："日照香炉生紫烟，遥看瀑布挂前川。飞流直下三千尺，疑是银河落九天。"宋代大诗人苏轼登庐山后留下的著名诗句是："横看成岭侧成峰，远近高低各不同。不识庐山真面目，只缘身在此山中。"

但是对于发明家而言，除了思索之外，也还有一些如下可以激发灵感的外在方法。

我们在第三、第四章中，讨论了基于科学规律应用的发明思路，基于特殊现象应用的发明思路，以及基于技术集成的发明思路等。在本章第二节，我们曾经从发散思维的角度出发，把它们看作是"发散点"。循着这些发散点出发进行发散思维，我们就可能获得灵感。

1. 每一个科学规律（特别是新发现的科学规律）都可能是一个发明灵感的激发点

1882年，齐奥尔科夫斯基在自学过程中掌握了牛顿第三定律。这个看似简单的作用与反作用原理突然使他豁然开朗，产生了一个非凡的灵感。

他在日记中写道："如果在一只充满高压气体的桶的一端开一个口，气体就会通过这个小口喷射出来，并给桶产生反作用力，使桶沿相反的方向运动。"这段话就是他对火箭飞行原理的形象描述，也是人类对于宇宙航行技术的第一个理论。

此外，我们在第三章所引用的电流磁效应激发了法拉第想到电动机的发明；电磁感应现象的发现引起发明发电机的灵感；受激辐射规律带来的灵感，引起几代科学家为发明微波激射器和激光器持续不断的努力；相对论力学的质能关系和重核裂变现象的发现激发起世界顶尖物理学家开发核能的极大热情；此外还有物质的相变潜热现象，是发明高效传热元件热管的灵感来源；等等。

一个典型的例证，是电磁学中的洛伦兹力公式

$$\vec{f} = -q\vec{v} \times \vec{B}$$

其中，f, q、v 和 B 分别代表带电粒子的受力、电荷、速度，以及外磁场的磁感应强度，×表示矢量积。洛伦兹力描述了一个运动带电粒子在磁场中所受到的力。

100 多年来，它的应用涉及各种旋转电动机、直线电机、直流开关吹弧线圈、质谱仪、粒子加速器、电子显微镜磁透镜、托卡马克磁约束、各种霍尔效应器件、磁悬浮技术、各种电声转换设备，包括耳机、扩音器、声呐、B 超和超声波探伤设备等，还有电磁轨道炮、航母电磁弹射器等。可以毫不夸张地说，洛伦兹力公式曾经给发明家带来了无穷无尽的灵感。

2. 每一个特殊现象都可能是一个发明灵感的激发点

第三章第四节叙述了伽利略发现教堂里吊灯摆动的等时性，引起惠更斯制造时钟的灵感；胡克发现游丝摆轮运动的等时性，引起制造怀表、手表的灵感；荷兰眼镜工匠发明的"幻镜"激发了伽利略发明望远镜的灵感；巴黎街头孩子们木头传音的游戏引起医生雷内克的灵感，发明了听诊器；爱迪生发现钢针在话筒膜片上的振动，引起了他发明留声机的灵感；步枪射击时巨大的后坐力，引起正在构思自动枪械而苦于找不到合适动力来源

的马克沁的灵感；等等。

3. 每一个新技术、新材料的出现，也都可能是一个发明灵感激发点

制铁技术的出现，导致了各种铁器的发明：犁杷等农具、锯刨等木工工具、刀枪剑戟等兵器的发明，也使得火车、汽车和轮船的发明成为可能。钢结构的高层建筑也巍然矗立于世。

塑料的出现，使得发明家获得了灵感，争先恐后地把它应用到各种场合，如鞋、雨衣、伞、机械零件、食品袋、整理箱、餐具、厨具等。为了适应不同的应用场合，化学家又不断地发明多种性质的塑料。

真空二极管，尤其是真空三极管的发明，给了通信专家以灵感，导致无线通信技术的发明，进而使得电报、电话、广播、电视等相继问世。

碳纤维复合材料的发明，给发明家带来了新的灵感，这种新材料被广泛运用于航空、航天、军工、医疗和体育休闲设备的结构材料。大到火箭壳体、飞机机身部件、直升机桨叶，小到撑竿跳杆、乒乓球拍底板、甚至钓鱼竿等，都成为碳纤维复合材料的用武之地。

遥控技术的出现，不断地给发明家以灵感，使得他们把遥控技术应用在遥控飞机、遥控电视、遥控玩具、遥控电扇、遥控空调、遥控大门、遥控机器人、遥控炸弹地雷等方面。

上边我们对直觉、顿悟和灵感三个概念重新进行了定义，并根据科技史上的大量例证，进一步充实了它们的内容。

许多作者把直觉、顿悟和灵感都看作思维方式。但作者认为直觉、顿悟和灵感三者之中，只有直觉可以称作一种独立的思维方式。因为从面对一个事物开始，思维主体就立刻开始做三件事：首先，对事物进行辨识，分析其特征；其次，回忆和对照自己已有的知识，寻找熟悉的事物，或者某种期待的事物，以及有相似特征的事物，或者相关哲学等；最后，将二者作比较，寻找相似的特征，类比相似的规律，对事物的性质作出初步判断。当然，这几件事可以先后进行，也可以同时或交替进行。如果主体很快就发现了事物和已有知识之间的某种关联，就能对事物的性质作出初步的判断，这就是直觉。显然，这是一个完整的、清晰的、可操作的思维过程，所以可以认为直觉是一种独立的思维方式。

而顿悟则不是一个完整的思维过程。面对一个事物，思维主体如果不能产生直觉，就需要进入一个艰苦的思考和研究过程，而后，如果幸运的话，思想才有可能得到一个飞跃，形成顿悟。前期的思考和研究是非常错综复杂的过程，既可以是搜寻相关理论，也可以是逻辑推理或者形象思维，更多的是假设和猜想及试探。既可以是显意识思考，也可以是潜意识酝酿。当一切都成熟的时候，顿悟才应运而生。因为顿悟不能单独产生，甚至我们不清楚它到底是怎样产生的，因此我们认为它不是一种独立的思维方式。就像贯穿隧道的最后一炮、吃饱肚子的最后一个馒头，顿悟只是整个思考和研究过程产生结果的最后一步。虽然，根据经验大家都知道，心情的放松、注意力的转移、进入睡梦状态、思维的整理等都有利于顿悟的出现，但这些都不算是思维过程。

灵感也类似，无论是对于科技人员，还是对文学艺术家来说，灵感都是一种可遇不可求的境界，有很大的偶然性，也不是一种独立的思维方式。不过对于发明家和科学家，参加研讨会，参观展览会，了解科学上的新发现、技术上的新发明，抓住某些特殊现象，就有机会获得意想不到的启发，从而产生灵感；文学艺术家则可以有意识地外出采风，体验生活，寻找原形带来的灵感。但这些都是外在过程，不算是思维。

五、联想和类比

上面我们讨论了逻辑思维、辩证思维和形象思维在创造过程中的应用，这是三种基本的思维方式。此外我们特别推崇的是联想思维和类比思维方式，他们都在科学发展史上起着不可估量的作用。

（一）联想思维

联想思维，简单地说就是由一个事物想起另一个事物，联想思维对于人的创造能力有着重要意义。举一个极端的反例，一个人如果遇到一件事，却想不起其他与此有关的任何事情，俗话说就是"大脑一片空白"，那他就是一个很"木"的人，不仅不能创造，恐怕就连日常的生活都难以应付。相反，如果他遇事就有很多联想，充满了想法，有许多方案可以备选，那么他一定是一个非常聪明的人，具有创造的潜力。

联想思维有多种类型，常见的有以下几种：

（1）相关联想。是指由一个事物，想到另一个与之相关的事物。例如，当你遇到一个质点运动的问题，你自然会想到力学的三定律，特别是牛顿第二定律；你想培育苹果的改良品种，你可能会想到遗传学的三定律；当你想做一道菜肴时，你会想到食材，如鸡鸭鱼肉、葱姜大料和油盐酱醋；等等。相关联想，是由你的知识决定，两个事物之间一般具有内在的联系。

（2）伴随联想。就是由一个事物，想起经常跟它同时出现的另一个事物。例如，见到自己以前的老师，就可能想起自己的母校，想起他教过的课程；听到一首熟悉的歌，就想起当年学唱这首歌的时代和环境。被联想的两个事物并不一定具有内在的联系，这种联想可以看作是由条件反射引起的。

（3）类比联想。由一个事物，想到另一个与它有类似特征的事物，就是类比联想。由蒸汽机想到内燃机，由光量子的波粒二象性想到实物粒子的波粒二象性，由腰刀想到宝剑等。类比联想在科学研究中具有重要意义。

（4）对比联想。由一个事物，想到另一个与之有相反特征的事物。例如，由黑想到白，由善良想到邪恶，由聪明想到愚笨，由战争想到和平等。对比联想需要具有丰富的知识和经验，还要具有一定的哲学素养。

（5）因果联想。由烧伤病人想到火灾，由流感想到病毒，由南方的夏季想到炎热的天气，由连续的暴雨想到滚滚的洪水等。有一定生活经验的人，都具有因果联想的能力。

（二）类比思维

在类比联想的基础上，就有了类比思维。类比思维是科学研究中解决陌生问题的一种常用思维方法。它让我们充分开拓自己的思路，运用已有的知识、经验和哲学，将陌生的、不熟悉的问题与已经解决了的熟悉的问题或其他相似事物进行联系，从而创造性地解决问题。

类比思维应该包括三个阶段：①分析，提取新事物的特征；②找寻，在自己的知识库中寻找相似的事物；③比较，在新、旧事物特征之间发现相似特征，进而建立和发展新事物的理论。当然，这三个阶段可以同时进行，或者交织进行。

本章第四节曾经提到类比型直觉，类比是直觉思维非常重要的基础之一。大数学家希尔伯特听海森伯说到矩阵力学，立刻就联想到自己非常熟悉的偏微分方程的本征值问题，那是他唯一遇到过的矩阵问题。作为类比，希尔伯特建议海森伯去找与他的矩阵相对应的方程。同样，物理学家德拜请薛定谔作一个关于德布罗意波的学术报告，报告后，德拜提醒薛定鄂："对于波，应该有一个波动方程。"这也是类比，因为物理学中已知的波动都有相对应的波动方程。

类比思维，也常常运用于物理模型的构造之中。原子的结构，曾经有一个著名的类似"布丁"的模型，认为正电荷均匀分布在整个原子中，而电子则像葡萄干一样散布在布丁之中。但是卢瑟福领导进行的 α 粒子散射实验的结果并不支持这个模型，更像是正电荷集中在原子的中心。于是卢瑟福类比太阳与行星的样子提出了一个原子构造的核式模型，居于原子中心的原子核带有全部正电荷，而电子则像行星绕太阳一样环绕在其周围，这个模型获得了成功并沿用至今。

原子光谱的结构基本上都可以用电子的轨道运动来解释，但光谱的精细结构仍旧得不到解释。物理学家乌伦贝克和古兹密特想到，电子除了人们已知的轨道运动之外，就像地球一样，除了绕日公转，还可能有自转运动。于是作为类比，他们提出了电子自旋的量子假说，成功地解释了原子光谱的精细结构。

寻找现象的机理，也可以运用类比思维。当年正苦于找不到生物进化机理的达尔文，一天偶然读到一本马尔萨斯的《人口论》。其中"生存斗争"的提法使他心中忽然一亮，产生了启发式的顿悟，达尔文类比人类的生存斗争，想到生物之间是否也是如此呢？他就提出了"自然选择"的原理：生存竞争可能使有利的变异保存下来，而不利的往往可能被淘汰，其结果就形成了新的物种。

波动是物理学中一个非常重要的概念，从波动概念的发展过程，也可以清楚地看到类比思维对人类认识自然的巨大作用。人类最先是听到声波、观察到水面波，初步认识了介质波，后来在经典力学的基础上，逐渐掌握了介质波的规律。在一定的条件下，介质波有干涉、衍射等特有的现象。根据光也具有干涉、衍射现象，作为类比，惠更斯等猜测光也是某种波，提出了光的波动假说。当时，他们假设光是一种特殊的介质波，这种未知的介质，被称为"以太"。因为各种介质波都有波动方程，而麦克斯韦以其提出的电磁场方程也能够导出波动方程的形式，就大胆预测电磁场可以以电磁波的形式存在，并且因为光速与电磁波速一致，就提出光的电磁波假说。这也是一种类比，他的预言都被后来的实验证实。德布罗意波的提出，一般认为是关于物质统一和对称的哲学思维结果，但其中也不乏类比的因素。类比爱因斯坦的光量子理论，德布罗意认为实物粒子也具有波粒二象性，提出了物质波的学说，而物质波是一种很特殊的概率波。德布罗意甚至在理论关系上都沿用了光量子的公式。爱因斯坦则根据广义相对论方程也可以推出波动方程的形式，提出引力波的概念。在宇宙观测中引力波的存在也得到大量的证实。

万有引力定律和库仑定律。万有引力定律是牛顿在前人（开普勒、胡克、雷恩、哈雷）研究的基础上，凭借他超凡的理论概括能力和数学推理能力给予证明，并在 1687 年于《自然哲学的数学原理》上发表的。而库仑定律是在大约 100 年后的 1785 年库仑通过扭秤实验验证和总结出的。但是在总结定律的过程中，库仑是处处类比了万有引力定律的形式的。二者在形式上十分相似，都是和距离的二次方成反比，万有引力和互相吸引的两个质量的乘积成正比，而库仑定律描述的静电作用力与两个互相作用的电荷电量的乘积成正比。

六、知识与创造性的关系

知识与创造性的关系，本是一个显而易见无须讨论的问题。但创造学界有一种奇怪的说法，就是认为"知识太多妨碍创造性"，显然这是荒谬的，会严重误导公众读者。为了阐述清楚这个问题，我们认为有必要对此问题作进一步的分析。

（一）知识是产生直觉思维的重要基础

如本章第四节所述，直觉是重要的创造思维过程，而直觉又是以丰富的知识为基础的，无论是哪一种直觉，都需要很多的知识作为基础，直觉不能凭空产生。为了提高产生直觉的能力，就要尽量丰富自己的知识面，包括本专业领域的，其他相关领域的，哲学、科技史等方面的知识，做一个"百科全书"式的人才。既然直觉的产生需要丰富的知识，怎么能说知识妨碍了创造呢？

比如，听见敌军隆隆的炮声，没有军事知识和经验的指挥官可能认为，这就是敌人主攻前的炮火准备。而有丰富知识和经验的军事指挥官，则可能根据敌我形势和自己有利的地形直觉地判断，这只是敌人的佯攻。他产生直觉的基础，是自己丰富的军事知识和多年征战生涯积累的经验。

（二）发散思维需要丰富的知识为基础

在本章第二节，我们讨论了发散思维的问题，认为尤其在技术发明过程中，发散思维很重要。发散思维是思想的飞翔，飞得越高，就看得越远，而飞得高、看得远的基础就是丰富的知识。如果没有足够的知识，不知道现有什么技术和什么科学规律可供利用，思想的范围就很狭窄，就很难进行实际有效的发散思维。

一个好的时装设计师，会依据发散思维的原理，根据去年的流行式样和今年可能的流行趋势，在当前的各种面料、纽扣、饰物等条件中选择，去设计一款创新的服装式样。如果设计师不懂服装设计、不懂流行心理学、不清楚现有可以利用的种种条件，也就是没有相关的知识，就无法进行创造性的设计。

第二章曾经提到，对于一个新材料，如塑料，它可能有什么应用呢？它的可能应用领域，我们发散思维一下，可能有：杯子、饭碗、筷子、瓶子、儿童文具、钟表外壳、台灯支架、儿童玩具、汽车火车飞机内饰、电话构件、冰箱洗衣机等家用电器构件……知识越多，发散越广，就越有可能找到更多的应用。

（三）收敛思维更需要知识

发散思维，最后还要落实到具体方案上来，这就是收敛思维。没有扎实的专业知识，也是没法进行收敛思维的。

例如，航母舰载机起飞的弹射器方案一旦选定，就必须进入设计阶段。此时研发人员必须要有丰富的舰船设计和机电设计知识作为依托，否则除了产生一堆废铜烂铁之外，不会有任何其他结果。

爱因斯坦在研究广义相对论时，早就提出了广义相对性原理和等效原理，实现了理论上的突破，但这还不足以建立完整的理论体系。爱因斯坦又花了大约 10 年的时间来寻找并且学习黎曼几何和张量分析，用丰富的知识武装自己，才最后完成了广义相对论的宏伟工程。

（四）知识决定创造的舞台

所谓创造的舞台，是指创造的领域。如果你是木匠，你熟悉木匠所需的知识和技能，你将在木工家具等领域进行创造；铁匠当然最擅长在铁制工具方面创造；如果你是电子工程师，你将在电子领域创造；如果你是机械工程师，你当然在机械领域发明；如果你是物理学家，你才能在物理学的领域作科研。杨振宁曾经说过，如果你对纤维丛理论（一种现代几何理论）掌握不了，就不要进行弦理论（一种基本粒子理论）的研究。可见，不同的创造舞台，不是谁想登就可以登的，必须要有登台证，登台证就是相关的知识。也就是说，如果没有相关的知识，你就登不了相关的舞台，更谈不上创造。

虽然有时人们可能在本人专业领域外进行创造，那他也必须要有起码的相关知识。例如，泡利原本是化学家，可是他在 20 世纪 20 年代，就参与了玻尔等领导的量子力学早期的发展，所以他提出了著名的泡利不相容原理，成为量子力学的基本原理之一，并因此获得了 1945 年诺贝尔物理学奖。当然，这也跟所谓"物理化学是一家"有关，有人说化学是分子层面的物理学。顺便说一句，泡里不相容原理至今没有更加基本的解释，人们不知道为什么会是如此。

有的人也可能转换自己的专业领域。例如，英国科学家法拉第原本是电化学家，可是当他 1821 年得知奥斯特发现了电流的磁效应，就感到这里有巨大的研究空间，立刻就转到电磁现象的研究中来，经过长期艰苦的探寻、研究和总结，于 1831 年发现了电磁感应现象。法拉第最后成为近代电磁学理论的泰斗。

总而言之，知识决定舞台，每个人可以根据自己的知识领域，选择适合自己的创造舞台。即使是普通市民，也可以在自己所熟悉的，特别是自己经常使用的普通商品设计上作出一些改进性的，甚至具有奇思妙想的发明。正如前述，普通工人也可以在自己的工作岗位，对自己所熟悉的工作设备、软件程序、工艺过程等，作出创造性的发明。

（五）文献调研是科技研发的前提

现代科技工作者都知道，在进行科学研究或技术研发之前，都要进行文献调研，了解此前已有的相关知识，和前人已经做了哪些工作，还存在哪些问题等。这是为了获得自己必要的知识，没有这个准备，是不能开始工作的。历史的经验告诉我们，如果不去作这个准备，最后的结果就会是低水平重复、在黑暗中摸索，走很多弯路，是很难取得什么真正有创造性的成果的。

文献调研的意义是不可替代的。它可以提高研究起点，不重复前人已经做过的工作；它可以借鉴前人的经验和思路，不犯前人犯过的错误；它可以节约研究成本，将时间和金钱用在关键之处，大大提高研究效率；等等。文献调研也是开题报告的基础，是向别人说明或证明你工作的意义，是使同行或上级接受和支持你的工作的必经之路。

（六）创造学知识对创造性的促进作用

人类积累的创造学知识越多、创造的经验越丰富，创造性也就可能越强。传统创造学里有创造原理、创造技法，也有缺点列举法、希望点列举法、检核目录法等，都对人们的创造性有正面意义。

在技术发明方面是如此，自然科学研究方面也是如此。科学史家库恩阐述了"范式"的特征和作用。一门学科，当它的发展尚未成熟，可以有不同观点和假说，此时还没有建立范式，缺乏连贯的理论体系。一旦某一个假说得到证实，便逐渐形成范式，科学家大都以相似的思路进行工作，科学便进入了常规发展时期，相对稳定地向前发展，理论体系逐渐趋于完善。一直到科学研究达到新的层次，反常事例反复出现，冲破了原来的范式，此时便面临科学上的革命，呼唤推广原有理论，呼唤新理论的产生，建立新的范式。科学发展过程的这些特征，早已被当代科学家所理解和掌握。因此，范式就成为科学正常发展时期的指路标，而在科学变革时期，范式也绝不会变成束缚科学发展的思想牢笼。

（七）知识和创造性的"负相关性"难以统计

"知识太多妨碍创造性"的说法，就是知识与创造性呈现负相关的意思。

理论上说,要想对知识和创造性的相关性作正确的统计,应该将其他因素(年龄、专业、学历、性格等)取为相同,而只将知识丰富的程度和创造性来相关比较。显然这很难做到,因为要想将不同质的东西量化放在一起比较是很难的。许多有创造性的人,在他们还年轻时、在知识积累得很丰富之前已经显露出来,获得了巨大的成果,好像知识与创造性成负相关,好像知识越少创造性越强,知识越丰富创造性越低。用这种表面上的现象来归纳规律,是统计学运用上的错误。实际上,一些具有丰富专业知识而看起来缺乏创造性的人,要么是已经度过了他最具创造性的年龄,要么是他在年轻时就没有太强的创造性。而在年轻时表现出强创造性的人,那时他们还没有来得及积累很多的知识,而他们后边往往还有科学大师在指点。有的聪明人,因为缺乏创造性,只能把重点放在积累知识上,给人的印象是知识越多,创造性就越小。各种情况是十分复杂的,难以作出有说服力的统计。

综上所述,所谓"知识太多妨碍创造性"的说法缺乏根据,是荒谬的,难以成立。我们认为,关键不是知识的多少,而是如何看待知识和理论体系,只要别把现有的理论知识体系看作绝对的、一成不变的,知识就不会妨碍创造性。只要别把现有的设备、器械、工具看作是完美无缺的,知识就不会妨碍创造性。何况我们所说的知识还包括前人和自己的创造学知识,创造学知识越丰富,创造性也就可能越强。

参 考 文 献

北京物理学会.1983. 专题讲座汇编：物理学史.

贝弗力奇.1979. 科学研究的艺术. 北京：科学出版社.

陈厚云，王行刚.1985. 计算机发展简史. 北京：科学出版社.

甘自恒.2010. 创造学原理和方法. 北京：科学出版社.

胡显章，曾国平.2006. 科学技术概论. 北京：高等教育出版社.

李成智，李小宁，田大山.2004. 飞行之梦——航空航天发展史概论.北京：北京航空航
　　天大学出版社.

李建军.2009. 创造发明学导引. 北京：中国人民大学出版社.

李建珊.2004. 科学方法纵横谈. 郑州：河南人民出版社.

鲁克成，罗庆生.1997. 创造学教程. 北京：中国建材工业出版社.

申漳.1981. 简明科学技术史话. 北京：中国青年出版社.

司马贺.1986. 人类的认知——思维的信息加工理论. 北京：科学出版社.

王成军，沈豫浙.2010. 应用创造学. 北京：北京大学出版社.

杨德，袁伯伟，鲁克成.1992. 创造力开发实用教程. 北京：宇航出版社.

杨德.1993. 创造力——企业制胜的秘密. 北京：电子工业出版社.

赵光武，王霁，卢明森.1999. 思维科学研究. 北京：中国人民大学出版社.

Hellemans A，Bunch B. 1991. The Timetables of Science. New York：Simon & Schuster Inc.